生物科学研究方法丛书

基因组学方法

中国生物技术发展中心
深圳华大基因研究院 编著

主　　编　杨焕明
副 主 编　冯小黎
秘　　书　牛　力
编写人员　（按姓氏汉语拼音排序）

阿　叁	鲍　莉	陈　芳	陈　诠
程时锋	冯小黎	高　扬	耿春雨
胡学达	旷　苗	李　宁	李建文
李培培	栗东芳	林　哲	刘　慧
刘　晓	牛　力	潘胜凯	钱武斌
邱宏伟	田　埂	汪　杰	王　晶
王　莹	肖　斌	杨焕明	杨　琪
杨瑞珍	殷旭阳	余　玄	曾育章
赵山岑	赵饮虹	郑　杨	

科学出版社

北　京

内 容 简 介

基因组学是从系统的角度研究生命体全部遗传信息的学科，自诞生以来只有20年的历程，但是发展非常迅猛，这与基因组学技术的飞速进步是分不开的。本书重点从方法学的角度阐述了基因组学的发展脉络和未来路线。首先介绍了基因组学的基本概念、历史发展。之后重点阐述了基因组学最根本的测序技术和生物信息分析技术的前沿进展，并着重讨论了几个对本领域研究具有重大意义的技术问题。接下来，本书综述了一些应用基因组前沿技术获得的科学研究成果，并进一步讨论了基因组学技术创新发展的策略和途径，特别是我国在这一学科的目标、方向和重点任务。

图书在版编目(CIP)数据

基因组学方法／中国生物技术发展中心，深圳华大基因研究院编著；杨焕明主编．—北京：科学出版社，2012.9
(生物科学研究方法丛书)
ISBN 978-7-03-035588-1

Ⅰ.基…　Ⅱ.①中…　②深…　③杨…　Ⅲ.基因组-研究方法　Ⅳ.Q343.1-49

中国版本图书馆CIP数据核字(2012)第221343号

责任编辑：王　颖　邹梦娜　李国红／责任校对：包志虹
责任印制：李　彤／封面设计：范璧合

科学出版社 出版
北京东黄城根北街16号
邮政编码：100717
http://www.sciencep.com
北京凌奇印刷有限责任公司 印刷
科学出版社发行　各地新华书店经销
*
2012年9月第　一　版　开本：787×1092　1/16
2022年1月第十九次印刷　印张：7
字数：161 000
定价：59.80元
(如有印装质量问题，我社负责调换)

前　　言

——插上基因组学的翅膀

生命世界，纷繁多彩。是什么记录着生命的密码？是什么承担着遗传的使命？是什么指导着生命活动？这是古往今来困扰人们的问题。

19世纪，生物学家们终能一窥门径。第一是细胞学说的建立，生命有了统一的单位，但细胞的多样性又是源于什么呢？第二是孟德尔遗传学的创立，遗传因子作为独立的单位而代代相传，遗传因子能够自由组合，但这些遗传因子又是什么呢？第三是自然选择进化论的提出，物竞天择，适者生存，但这变异的来源和选择积累的载体又是什么呢？带着理论，更多的是带着疑问，生命科学走进了20世纪。

20世纪见证了生命科学的伟大进步。人们相继发现了DNA是遗传信息的载体，双螺旋是DNA的结构，遗传密码和中心法则是DNA指导生命活动的方式。但对于生命来讲，这些只是冰山一角，终于，生物学家决心完整地看待物种的遗传变异，从基因组的视角来研究生命，穷尽生命（首先是人类）全部的遗传和应对环境能力的可能。因为，只有基因组是所有生物体共有的部分且又能够解释它们为何如此不同，只有基因组蕴涵着生命最本质的奥秘。

提到基因组学，大家首先会想起测序。的确，测序是基因组学最基本的研究手段，没有序列，一切都无从谈起。所有基因组学研究都存在这样一个模式：生物学对象——序列——生物学问题。

从20世纪末起，测序技术实现了持续快速的进步，20年前获得某一单个基因的序列需要一个实验室一年的努力，而现在测定一个人的全基因组序列只需要在一台自动化测序仪上运行几天。其中不得不提的是毛细管自动测序仪的发明和广泛应用，它为“人类基因组计划”的顺利完成提供了最有力的技术保障，进而为基因组学的建立和成熟提供了重要支撑。

测序是基因组学的主要技术手段之一，但基因组学不仅是测序。测序前的样品准备和测序后的信息处理也一直在不断创新和发展中。一方面，基因组学研究领域的延伸要求我们研究的对象包含更多的处理方式和更多的生化层次；另一方面，规模日趋庞大的数据也要求我们在软件和硬件上都具备更强大的计算处理能力和更高的运算效率。现在计算机发展的速度基本符合摩尔定律，即每18个月翻一番；而测序通量的提高速度已经超过了这一数值。所以海量的数据处理能力日渐成为基因组学研究的瓶颈。迄今为止，我们对软件运行效率的持续改进以及硬件投入力度的增大成功地满足了基因组学不断发展的需求。生物学实验技术和信息技术相辅相成的创新使基因组学家追求的梦想正在实现：用基因组表述进化论，推演“生命大代数”，并将最终达到用数学语言描述、诠释和指导生命科学和生物产业的发展。

人们一般将“人类基因组计划”的启动视为基因组学的起点，幸运的是，中国这一次没有输在起跑线上，我国科学家参与了这一国际大科学项目，圆满完成了其中1%的工作。而后，我国又绘制了水稻、家蚕、家鸡等有重要农业价值的物种的全基因组图谱，为国家人口健康和绿色农业工作提供了原创性的支持。新一代测序技术的诞生使基因组学的研究能力得到极大解放，在此基础上，我国科学家又率先发表了第一个亚洲人基因组图谱，使中国在个人基因组时代再次走在国际前沿。此后，陆续发表了家蚕基因组甲基化谱、熊猫基因组、黄瓜基因组、人类泛基因组等一系列具有重大国际影响力的科学论文，保持了其在国际同行业中的领先地位。

国家提出要把生物技术作为未来高技术产业迎头赶上的重点，而生物科学的内在逻辑决定了基因组学将成为其最核心和最前沿的部分，因此，支撑中国经济的发展，引领未来产业走向，基因组学家当仁不让。为了担负起这份使命，我们必须认真总结过去的成功和失败，找准未来技术进步的方向，坚持走自主创新之路。

本书是一本基因组学方法的入门读物，我们希望借本书的编写和出版为大专院校学生、科研人员提供参考，为政府各部门在基因组学科学、技术和产业发展的战略决策和实施规划制订上提供参考，并希望借此书引导人们去思考中国基因组学及其产业体系的创新发展。

我们相信，插上基因组学的翅膀，中国生命科学和生物产业将迎来更加灿烂的明天。

目　　录

第一章

基因组学的发展历程

第一节 基因组学的研究内涵

一、双螺旋模型对遗传信息储藏方式的启示

人们都知道生物具有代代相传的特性，这种遗传的物质基础就是基因组(genome)，每一种生物的基因组都包含着相应的遗传信息，这些信息决定了它们的个体建立和生物学特征。绝大多数基因组，包括人的基因组，都是由脱氧核糖核酸(DNA)组成的，但是也有一些病毒基因组由核糖核酸(RNA)组成。DNA 和 RNA 是由核苷酸(nucleotide)单体组成的多聚分子。组成 DNA 的核苷酸都由三部分组成，1 个戊糖基、1 个含氮的碱基和 1 个磷酸基团。含氮碱基包含 4 种，分别为胞嘧啶(cytosine，C)、胸腺嘧啶(thymine，T)、腺嘌呤(adenine，A)和鸟嘌呤(guanine，G)(图 1.1)。

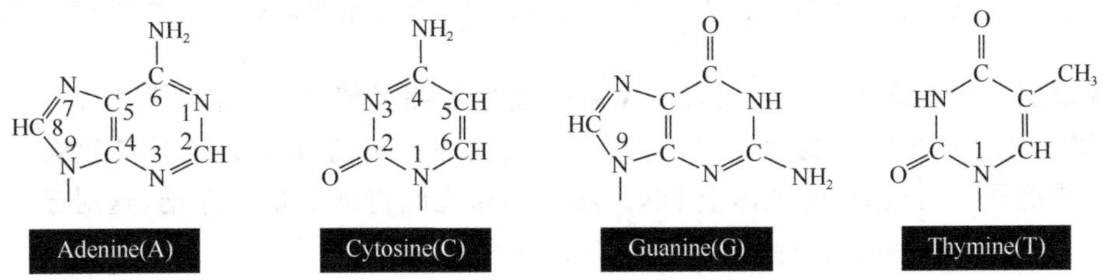

图 1.1 组成 DNA 基本结构单位的核苷酸的 4 种碱基

DNA 双螺旋结构被认为是 20 世纪最重要的科学发现之一。1953 年，Watson 和 Crick 在综合碱基比值和 X 射线衍射图谱的基础上，运用模型构建的方法推导出了 DNA 的双螺旋结构。根据 Watson 和 Crick 的双螺旋结构模型(图 1.2 左)，DNA 就像一个右手螺旋的楼梯，它由两条反向互补的多核苷酸单链相互缠绕而成。磷酸与核糖在外侧通过 3′,5′-磷酸二酯键相连接形成楼梯的骨架，而位于内侧的两条多聚核苷酸上的碱基通过氢键互补配对原则形成楼梯的阶梯。碱基配对形成的氢键和相邻碱基间疏水作用形成的碱基堆积力是维持这个楼梯稳定性的主要因素。碱基配对由于具有非常重要的生物学意义而显得更加重要。根据碱基互补配对原则(图 1.2 右)，即 A 仅与 T，G 仅与 C 互补配对，任何一个亲本 DNA 可以准确地产生出子代分子来，这也是细胞通用的 DNA 复制法则。此外，碱基间的配对在转录、翻译和调控等遗传信息流动过程中也至关重要。

二、动态变化中的染色体/染色质是遗传信息的载体

作为遗传物质的 DNA 在生物体中具有一定的组织形式，这就是染色质，包括 DNA 和蛋白质两部分。染色质(图 1.3)上的蛋白质包括组蛋白和非组蛋白。组蛋白可以看成染色

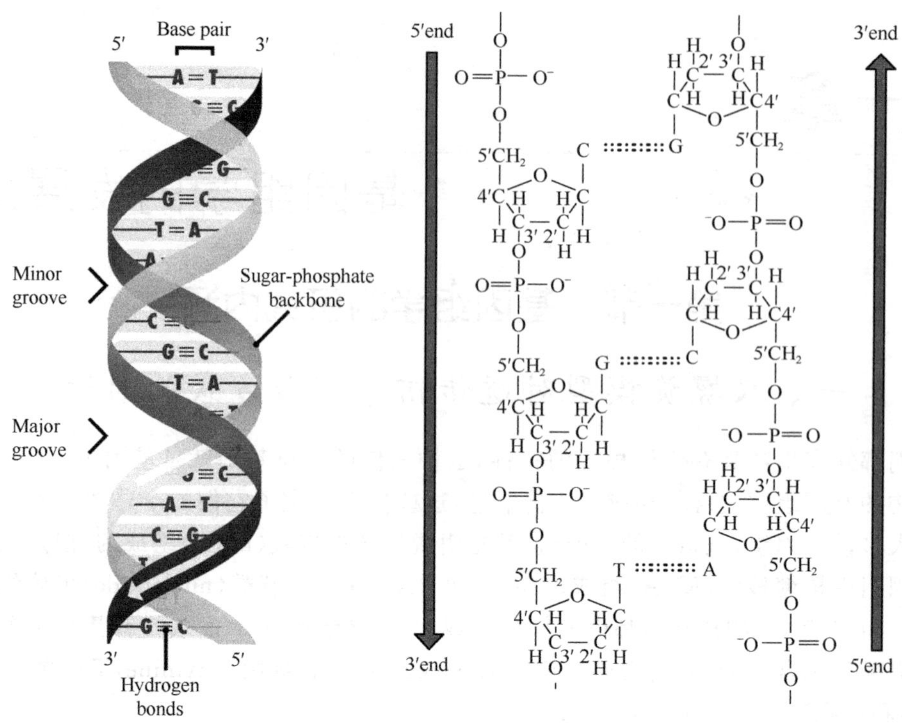

图 1.2　DNA 双螺旋结构的演示(左)和 DNA 双螺旋结构形成的化学基础:碱基互补配对(右)

质的结构蛋白。当细胞进行分裂时,DNA 紧密装配收缩成棒状,被称为染色体。细胞分裂完成后,染色体结构疏松呈线性排列,同时非组蛋白在一定的调控机制下与 DNA 结合,基因开始行使功能。染色质/染色体上 DNA 和蛋白质之间持续发生着互动,这对于基因的表达调控(即 DNA 的遗传信息)读取起着至关重要的作用。

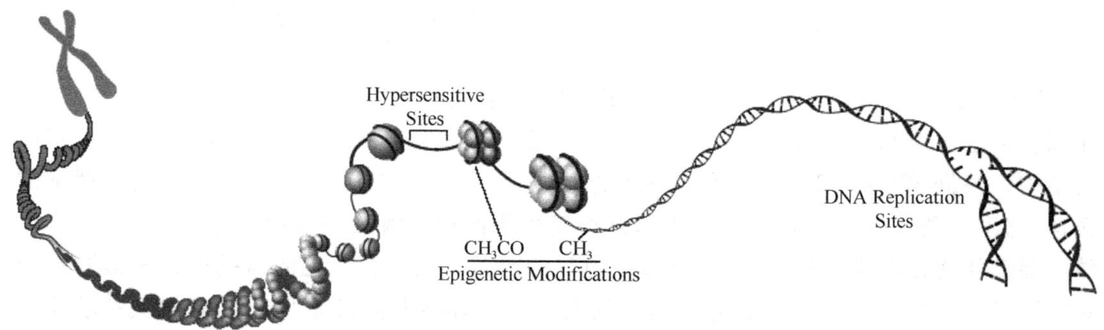

图 1.3　DNA 和组蛋白组装形成染色体

三、中心法则——遗传信息的使用

一个物种的遗传信息可以看做是一本书,书中的文字就是 DNA 序列。我们已经知道基因组(DNA)序列的每三个核苷酸对应一种氨基酸(终止密码子除外),氨基酸组成蛋白质,最后蛋白质行使生命的功能。总的来看,核苷酸序列的顺序决定了蛋白质的结构和功能，其根本上又是由核苷酸和氨基酸的对应关系实现的，这种对应关系被称为遗传密码(图1.4)，每三种核苷酸被称为一个密码子。成千上万的密码子按照一定顺序排列在DNA上，还需要一些其他的功能序列来影响和决定其组织的方式以及何时何地被使用，这些功能序列和包含着密码子的编码序列一起决定了这个物种全部可能的生命活动。

第一个字母	第二个字母				第三个字母
	U	C	A	G	
U	苯丙氨酸	丝氨酸	酪氨酸	半胱氨酸	U
	苯丙氨酸	丝氨酸	酪氨酸	半胱氨酸	C
	亮氨酸	丝氨酸	终止	终止	A
	亮氨酸	丝氨酸	终止	色氨酸	G
C	亮氨酸	脯氨酸	组氨酸	精氨酸	U
	亮氨酸	脯氨酸	组氨酸	精氨酸	C
	亮氨酸	脯氨酸	谷氨酰胺	精氨酸	A
	亮氨酸	脯氨酸	谷氨酰胺	精氨酸	G
A	异亮氨酸	苏氨酸	天门冬酰胺	丝氨酸	U
	异亮氨酸	苏氨酸	天门冬酰胺	丝氨酸	C
	异亮氨酸	苏氨酸	赖氨酸	精氨酸	A
	甲硫氨酸(起始)	苏氨酸	赖氨酸	精氨酸	G
G	缬氨酸	丙氨酸	天门冬氨酸	甘氨酸	U
	缬氨酸	丙氨酸	天门冬氨酸	甘氨酸	C
	缬氨酸	丙氨酸	谷氨酸	甘氨酸	A
	缬氨酸(起始)	丙氨酸	谷氨酸	甘氨酸	G

图1.4　遗传密码表：三核苷酸和氨基酸的对应关系

我们已经了解了生命之书是如何在生命的代代之间传递的，那么，作为生命的基本单位——细胞，又是如何使用这本生命之书的呢？这需要通过一个被称为“中心法则”的过程(图1.5)，首先在细胞核内以DNA的一条链为模板合成RNA，这个过程被称为转录，RNA的序列与模板链互补配对，在碱基组成上将T(胸腺嘧啶)换成了U(尿嘧啶)。RNA经过剪接和修饰后进入细胞质中，再于核糖体上通过密码子规则指导合成蛋白质，这个过程被称为“翻译”。“翻译”出的蛋白质还需经过一系列的折叠和修饰才能行使生命功能。后来科学家发现RNA也可以被反转录为DNA，同时RNA也可以自我复制，这就形成了“中心法则”理论现在的形式，细胞(生命体)正是通过它将“书”上的生命“剧本”转化实现为了丰富多彩的生命“舞剧”。

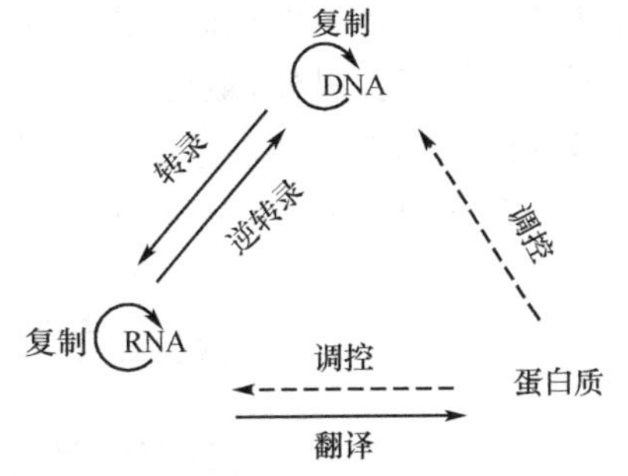

图1.5　中心法则

四、基因组和基因组学

基因组指单倍体细胞中的编码序列和非编码序列在内的全部DNA分子。基因组DNA序列编写着一切生命体活动最基本的生物信息，这些信息是生物体个体建立和维持其生物学特征所必需的。基因组学就是通过分析基因组DNA序列或其表达中间过程或产物等来解读这些信息的学科。在技术上，基因组学通过测序和解读两个相对独立的环节来达到这一目标。

生命是序列的，如何获取序列成为基因组学的首要问题，测序技术也就成为基因组学最核心的技术。1977 年，Gilbert 等人报道了通过化学降解测定 DNA 序列的方法，同年，Sanger 建立了双脱氧链终止法。测序技术的发展给基因组学研究带来了革命性的改变。20 世纪 80 年代末，测序技术在分子实验室的日常化促使了“人类基因组计划”的诞生；到 20 世纪 90 年代末，Sanger 测序法高通量、自动化的实现促使了“人类基因组计划”的完成，并奠定了 21 世纪基因组学和医学发展的格局；2006 年以来，第二代测序技术的出现更使“万物基因组”和“个体基因组”推上议事日程；在未来几年内，我们将有幸看到下一代测序技术的通用和以基因组学为基础的生命科学时代的到来。

解读基因组序列中的遗传信息是基因组学研究的根本目标。定位、注释基因组序列中功能元件是解读基因组序列的重要内容。这是一个以生物信息为导向、与实验相结合的过程。对于多数功能元件来说，可以直接通过特征序列的寻找和同源分析进行定位和功能注释，也可以用基于转录的高通量实验分析达到目的。

基因组学研究的最终目的就是，通过测序和解读基因组为一切以生物学为基础的产业和应用提供基本的遗传信息。20 世纪 70 年代，基因重组技术的诞生使得分子生物学家借到了“上帝之手”，可以通过改造单个基因而获得相应的性状。基因组学的发展使遗传工程领域有了较快的发展，它为这种“上帝之手”提供了最基本的素材——物种所有基因序列。小鼠基因敲除计划就是一个例子。

然而，由于重组技术本身的缺陷，仅仅对单个基因改造，并不能与基因组学发展的规模和速度相称。一个全新的概念诞生了——“合成生物学”，即人为地从通路和基因组水平设计和制造新的生物部件、装置和系统；或重新设计已有的天然生物系统为人类的特殊目的服务。合成生物学需要两个基本的条件：一个是合成基因组序列的技术；一个是人为地设计能产出所需产物的代谢通路。而后一个完全依赖于大规模基因组测序所得的基因和代谢网络数据库。另外，最近也诞生了能快速改造整个代谢通路的技术。如果说“碱基序列”是基因组这本大书的基本字符，基因组的“解读”为我们提供了基本的语法和素材，那么，我们“书写”基因组的时代指日可待！

第二节 基因组学的发展历程

一、基因组学的催生婆：“人类基因组计划”

“人类基因组计划”(Human Genome Project，HGP)是一项规模宏大的科学计划，其旨在测定组成人类染色体(指单倍体)中所包含的 30 亿个核苷酸序列的碱基组成，从而绘制出人类基因组图谱，且辨识并呈现其上的所有基因及其他功能元件。“人类基因组计划”是人类为了解自身的奥秘所迈出的重要一步，是继曼哈顿计划和阿波罗登月计划之后，人类科学史上的又一个伟大工程。

经历长达 10 年的酝酿，“人类基因组计划”于 1990 年正式启动，计划投资 30 亿美元，预期在 15 年内完成。该计划由美国能源部和国家卫生研究院率先启动，随后，英国、日本、法国、德国和中国先后加入。中国承担并完成“人类基因组计划”的 1%任务(简称“1%项目”)。

“人类基因组计划”的主要内容包括基因组的全序列测定，建立遗传图谱、物理图谱、序列图谱、转录图谱；进行人类基因的鉴定；建立基因组研究技术、人类基因研究的模式生物；建立信息系统。此外，“人类基因组计划”还包括对社会、法律与伦理问题的研究，交叉学科的技术训练，技术的转让，研究计划的外延等九方面内容。自1990年正式启动后，“国际人类基因组协作组(International Human Genome Consortium)”先后完成了平均分辨率为0.7cM的遗传图谱(Murray, et al. 1994)和平均分辨率为100kb的物理图谱的绘制工作(Schuler, et al. 1996)，并于2001年发表了人类基因组草图(HGP Consortium 2001)，于2004年发表了常染色质完成序列(HGP Consortium 2004)。从1999年完成22号染色体序列分析到2006年完成1号染色体序列分析，全部24条染色体(22条常染色体和2条性染色体X、Y)的序列都已被全部解析。至此，基因组序列图整合了由7000个标记组成、分辨率为0.7cM的遗传图谱(Murray, et al. 1994; Dib, et al. 1996)和由36 000个标记组成、分辨率为100kb的物理图谱(Hudson, et al. 1995; Schuler, et al. 1996)，序列全长28.1亿碱基对，覆盖99%常染色质区，全基因组仅剩341个空洞，注释了20 000～25 000个蛋白质编码基因。至此，“人类基因组计划”终于完美谢幕了。

人类基因组学的启动标志着基因组学作为生物学的一个分支学科的诞生，而它的顺利完成标志着基因组学走向独立和成熟。可以说“人类基因组计划”就是基因组学的催生婆(图1.6)。

图1.6 “人类基因计划”奠定了21世纪生物学和医学的基础并对社会发展产生深远影响

“人类基因组计划”最终勾画出人类基因组的共有的“参考性”图谱。但是，实际上每个人的基因组序列都是有着部分的差异，虽然比重不大，但从全部的30亿对碱基来看总的改变数目仍是不容忽视的。其中最常见的变异是单核苷酸多态性(single nucleotide polymorphism, SNP)。为了描述这些SNP在DNA上存在的位置、在同一群体内部和不同人群间的分布状况，“人类基因组单体型图计划(HapMap计划)”于2003年启动。中国负责10%的工作，所产生的全部数据与“人类基因组计划”一样免费向公众开放(IHGSC 2005;

IHGSC 2007)。HapMap 集合了频率高于 5%的 SNPS 和包括插入、缺失、拷贝数变异、结构变化等其他形式的人类遗传变异。随后中国深圳华大基因研究院、英国 Sanger 研究所(Wellcome Trust Sanger Institute)和美国国家人类基因组研究所(National Human Genome Research Institute,NHGRI)于 2008 年 1 月启动了“千人基因组计划”,旨在提供最详尽的人类遗传变异图谱,鉴别出所有在人群中出现频率高于 1%的突变,以支持疾病的研究。

随着测序技术的发展,“ENCODE 计划”、“癌症基因组计划”、“千种动植物基因组计划”等一系列重大计划相继启动,开启了人类解读生命密码的新征程。

二、测序技术的发展

测序技术是基因组学的核心技术。正是近年来测序技术突飞猛进的发展带来了基因组学今天的繁荣。没有毛细管电泳自动测序仪(Sanger 测序法)的应用,“人类基因组计划”不可能于本世纪初完成。在此之后,测序技术的发展更是日新月异。首先公布的是焦磷酸测序技术,由 Roche 公司推出了相应的测序仪器 454。之后,Illumina 公司推出基于“边合成边测序(Sequencing by Synthesis,SBS)”的 Solexa 测序技术,ABI 公司推出的“边连接边测序(Sequencing by Ligation,SBL)”的 SOLiD 测序技术已经发展成熟,并在不断改进化学和光学技术以提高通量。这三种测序技术的成本只有毛细管电泳测序方法的 1/10 000～1/100,这使得大规模重测序和更多物种的从头测序成为可能。

图 1.7 新一代测序技术:提供新一代测序仪产品的部分公司

今天,新的测序技术仍然不断涌现,虽然还没有商业化的推广,但已为今后基因组学的发展提供了有力的信心(图 1.7)。代表性的有 HeliScope 测序技术,上机前不需要对文库进行任何扩增,是第一台真正意义上的单分子测序仪(true Single Molecular Sequencing,tSMS)。还有杂交测序技术(Sequencing By Hybridization,SBH),美国的 Complete Genomics 公司使用高通量的芯片(单张芯片达到上亿通量)在芯片表面纳米球上扩增 DNA 片段,使用“组合探针锚定连接(Combinational Probe-anchored Ligation)”技术对片段两端的 35 个碱基进行双向测序。除此以外,Pacific Bioscience 公司和 Visigen 公司分别开发的单分子实时测序技术也有广阔的前景。当然,最有可能真正实现 1000 美元/人基因组测序的是纳米孔(nanopore)测序技术,是近年来发展最快、最热门的领域,是纳米技术和生物技术的完美结合。

三、基因组学研究领域的拓展

(一) 基因表达与转录组学

随着越来越多的基因组被测序,接下来的问题是这些基因的功能是什么、不同的基因参与了哪些细胞内不同的生命过程、基因表达的调控、基因与基因产物之间的相互作用以及相同的基因在不同的细胞内或者疾病和治疗状态下的表达水平等。因此，在“人类基因组计划”后，转录组的研究迅速受到科学家的青睐。转录组学（transcriptomics）是基因组学的新兴学科，即研究细胞在某一状态下所含 mRNA 的序列、类型、拷贝数及转录过程。

转录组学可以提供各种条件下各种基因表达的信息，并据此推断相应未知基因的功能，揭示特定调节基因的作用机制。通过这种基于基因表达谱的分子标签，不仅可以辨别细胞的表型归属，还可以用于疾病的诊断。转录组学最初的技术是表达序列标签（Expression Sequence Tag，EST），将 mRNA 反转录成 cDNA，再随机地从 cDNA 库中挑选克隆进行测序，由每个克隆获得 100～500bp 的一段序列。ESTs 已经被广泛地应用于基因识别。之后开发的用于转录组数据获得和分析的方法主要有 cDNA 芯片检测技术。随着高通量测序技术的出现，RNA 测序（RNA-Seq）和数字化表达谱（Digital Gene Expression，DGE）已经成为现在转录组学研究的主流技术。

（二）染色体的修饰与表观基因组学

染色体上各种各样的修饰对基因的表达有很大影响，而这些修饰并不改变核苷酸本身，如甲基化和组蛋白修饰等（图 1.8），这些被称为表观遗传的改变，在全基因组范围研究表观遗传的变异即是表观基因组学（epigenomics）。

甲基化因其与人类发育和肿瘤的密切关系，已经成为表观遗传学和表观基因组学的重要研究内容。甲基化是指从活性甲基化合物（如 S-腺苷基甲硫氨酸）上将甲基催化转移到其他化合物的过程。DNA 甲基化是指生物体在 DNA 甲基转移酶（DNA methyltransferase，DMT）的催化下，以 s-腺苷甲硫氨酸（SAM）为甲基供体，将甲基转移到特定的碱基上的过程。DNA 甲基化可以发生在腺嘌呤的 N-6 位、胞嘧啶的 N-4 位、鸟嘌呤的 N-7 位或胞嘧啶的 C-5 位等。但在哺乳动物中 DNA 甲基化主要发生在 5′-CpG-3′的 C 上生成 5-甲基胞嘧啶（5mC）。人类基因组序列中的 CpG 二核苷酸主要以两种形式存在：一种分散在重复序列中，并且总是处于甲基化状态，另一种则以大小为 300～3000bp 且富含 CpG 二核苷酸岛的形式存在，由于这些 CpG 岛通常位于基因的转录起始位点（启动子或第一外显子）附近并可能参与了基因的表达调控，因而受到人们的广泛关注，特别是 CpG 岛异常高甲基化所致抑癌基因转录失活以及异常低甲基化所致原癌基因的激活已经成为肿瘤研究中的热点问题。

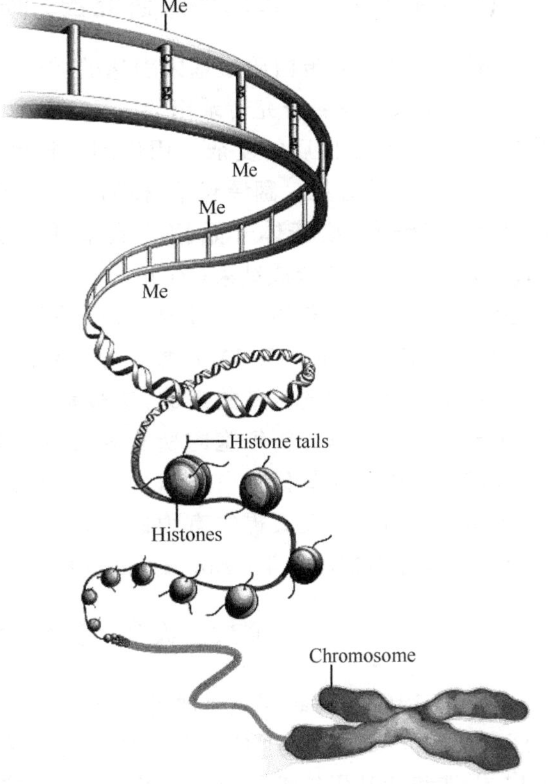

图 1.8　染色体上主要的两种修饰方式：DNA 甲基化和组蛋白的修饰

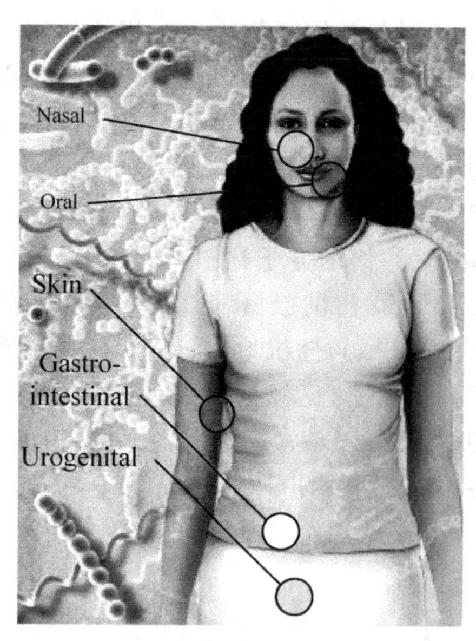

图 1.9 人体的多个器官均与环境微生物形成复杂的作用关系

(三) 宏基因组学:从基因组的视角看环境微生物

人类生活在一个到处都有微生物存在的世界里,成人体表和体内含有的微生物数量高达 10^{15},约为人体总细胞数的 10 倍。人体微生物种类繁多,数量巨大,通过多种方式影响人体,同时又受到多种内外因素的影响,形成一个复杂的系统(图 1.9)。"人体微生物基因组"指的是人体内共生的菌群,包括肠道、口腔、呼吸道、生殖道等处菌群基因组总和,人体微生物基因组计划的目标就是测定人体共生菌群的基因组序列信息,研究与人体发育、健康有关的基因功能。这种通过直接从环境样品中提取全部微生物的 DNA 构建基因组文库,利用基因组学的研究策略研究环境样品所包含的全部微生物的遗传组成及其群落功能被称作宏基因组学(metagenomics)。我们现在能够通过深度测序来鉴定复杂群落中包含的微生物,跳过了传统研究方法中微生物培养这一步。这些工作一旦完成,人类对自身的认识将会达到一个空前的水平。

(四) 翻译组学:以测序来研究蛋白质组学

mRNA 翻译成蛋白质是基因表达的重要阶段,研究翻译过程要比研究转录过程困难得多。在转录水平只需研究转录出的 mRNA 的量,就能了解各个基因的表达情况,而翻译水平牵涉 RNA 和蛋白质的复杂作用机制。核糖体作为蛋白质翻译的场所,自然成为蛋白质翻译水平研究的对象。翻译起始,核糖体结合到 mRNA 5′非翻译区,并不断向下游移动,当遇到起始密码子,核糖体开始招募氨基酸合成多肽链,直到遇到终止密码子,核糖体从mRNA上脱落,肽链合成结束(图 1.10)。真核生物在翻译过程中,一个核糖体在 mRNA 上能够结合约 30 个核苷酸。通过 RNA 酶消化,mRNA 中不与核糖体结合的部分被降解,而那些受核糖体保护的 mRNA 片段留下,我们将这些 mRNA 进行测序就能得到翻译的序列,并可推测蛋白质的氨基酸组成,这被称 Ribosomal Profiling 技术,也称作 Translational Profiling 技术,用以分析细胞内所有因突变或环境变化而改变的 mRNA 的翻译状态。由此,我们可以用测序替代蛋白质组的一系列实验,充分发挥测序成本低和数字化信号的优势,为蛋白质组学的发展提供有力的支持。比较研究细胞内蛋白质丰度和 mRNA 表达水平的方法被称作翻译组学(translatomics)。

四、从解读生命到书写生命

当今基因组学的研究主要通过序列的分析来解读生命,但我们的最终目的是通过基因组序列的设计来"书写"生命。以往的遗传工程,通过改造个别基因来获得相应的性状,如 RNA 干涉和转基因技术。而随着第一代"人造细菌"的问世,"人造生命(合成生物学)"的时代已悄然到来。合成生物学(synthetic biology)的基础是合成核苷酸序列的技术,包括直接合成、化学合成和大片段转移技术等;而其核心则是基于诸多基因组序列和"三大系统"

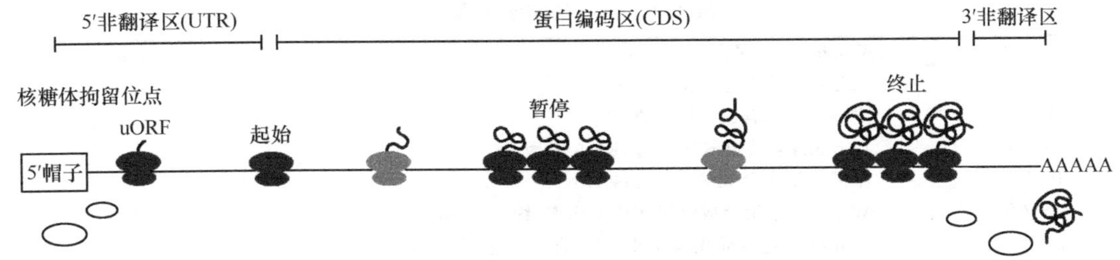

图 1.10 mRNA 翻译的过程

(代谢途径、信号传导通路、基因表达调控网络)的"人造基因组"序列的设计和组合,这完全依赖于大规模基因组测序所得的基因和代谢网络数据库,因此我们得到的信息越全面,创造的手段就越自由。

合成生物学的研究首先要明确维持一个生命正常活动的最小基因组有多小?哪些基因对于生命体是必不可少的?对线虫进行 RNA 干扰研究发现大多数的基因对生命活动并不起主要作用(图 1.11)。*M. genitalium* 基因组的测序得出大约 470 个编码区是必需的,其中包括与 DNA 修复、能量代谢和其他重要生命途径等有关的成分(Peterson, et al. 1993)。随后的研究成果使这一数字缩小到了 386 个(Fraser, et al. 1995)。

同时,科学家们都在试图构建出遗传物质不同于核酸分子的新生命。例如,肽核酸(Peptide Nucleic Acids, PNA)是 20 世纪 90 年代丹麦科学家发明的一类全新的以多肽骨架取代糖磷酸主链的 DNA 类似物,近十年来,人们为其在许多高科技领域找到了用途。

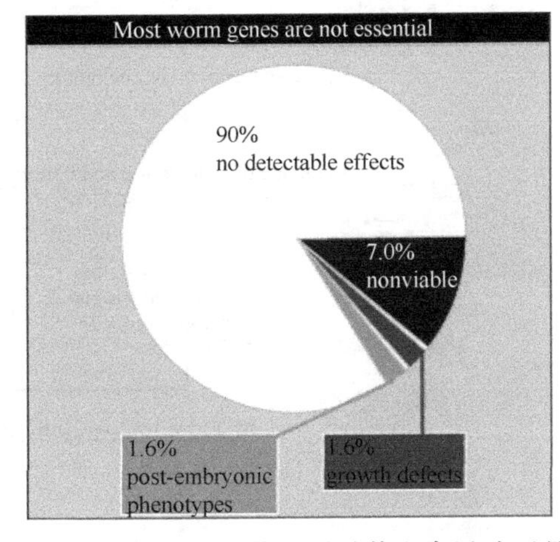

图 1.11 线虫的多数基因对其生命活动不是必需的

最小基因组指一定条件下生物保证存活所必需的基因构成的集合,这些基因被称为必需基因(essential gene)。最小基因组和人工合成基因组研究一方面是解析生命存活所必需基因和人工合成生命体的首要步骤,另一方面也可用于研究难以获取的基因或人工设计的核酸序列的生物学特性,使研究者们能从各个层次上更深入地理解生命现象的本质,为下一步创建人工生命体奠定基础。2002 年,德国埃科德·威默(Eckard Wimmer)的研究团队合成了有生物活性的脊髓灰质炎病毒基因组(Cello, et al. 2002)。2003 年,克雷格·文特(Criag Venter)研究小组合成了噬菌体 ΦX174 基因组(5386 bp)(Smith, et al. 2003),2008 年合成了生殖道支原体基因组(Gibson, et al. 2008)。2010 年该研究团队剔除了山羊蕈状支原体基因组中的部分基因并加入"水印"标记基因,制造了世界上第一个人工生命体"Synthia",并使其成功自我复制(Gibson, et al. 2010)。2011 年 7 月,Church 教授课题小组利用 MAGE 技术实现了大肠杆菌中 314 个终止密码子替换(Isaacs, et al. 2011)。2011 年 9 月,杰夫·布克(Jef Boeke)领导的科研团队人工合成出两个染色体片断并将其放入一个活酵母菌体内,酵母菌仍能正常存活,未出现明显异常(Dymond, et al. 2011)。该研究是世界上首次成功合成真核生物的部分基因组,标志人工合成生物基因组的研究又迈出了重要一步(表 1.1)。

表 1.1 合成生物学大事记

1828 年	Wohler 合成尿素
1953 年	Miller 通过放电合成氨基酸
1965 年	中国科学家合成牛胰岛素
1979 年	Khorana 合成酪氨酸阻遏 tRNA 基因
1981 年	中国科学家合成酵母丙氨酸 tRNA
2002 年	Wimmer 小组合成脊髓灰质炎病毒(约 7400bp)
2003 年	Venter 小组合成噬菌体 ΦX174 的基因组(约 5400bp)(图 1.12)
2008 年	Venter 小组合成生殖道支原体的基因组(图 1.13)
2010 年	Venter 小组合成了第一个细胞的基因组
2011 年	Church 小组利用 MAGE 技术实现大肠杆菌中 314 个终止密码子替换
2011 年	Jef Boeke 小组人工合成部分酵母基因组

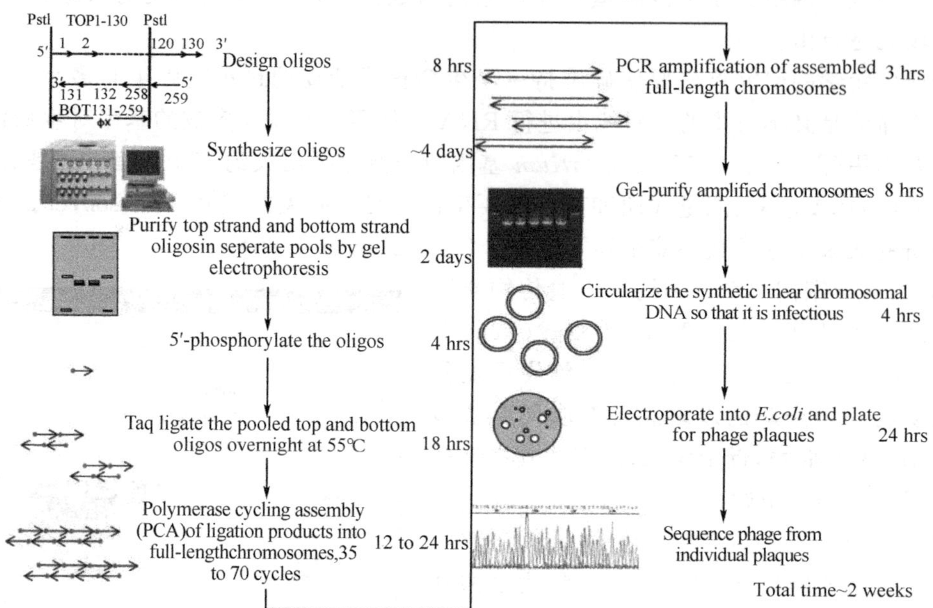

图 1.12 Venter 小组合成噬菌体 ΦX174 的基因组

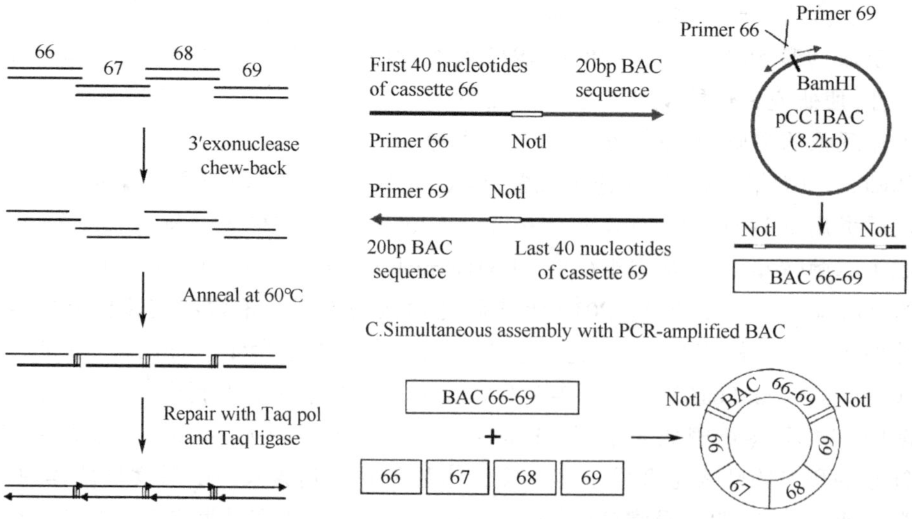

图 1.13 Venter 小组合成生殖道支原体的基因组

第二章

基因组学主要创新方法

第一节　测序技术

基因组学的核心技术是测序技术，其发展给基因组学研究带来了革命性的改变。基因组测序是指对DNA分子的核苷酸排列顺序的测定，也就是测定组成DNA分子的A、T、G、C的排列顺序。对基因组来讲，我们对其几乎所有的认识都是由测序技术提供的。测序技术之所以重要是因为它能够获得生物的遗传信息。

测序技术充分体现了技术突破的重要性。测序技术已经历了几十年的发展，其第一次飞跃是在Sanger技术的自动化实现以后，第二代测序技术将生命科学研究带入到了基因组学时代。每一代测序技术都有其各自不同的特点，本节将对这些技术的基本原理进行简单介绍。

一、测序技术的基本原理

(一) 原始测序(“前直读法”)

最早的测序技术诞生于20世纪60年代中期，不过这种原始的方法开始是用于确定RNA序列的。该方法源于Robert Holley研究小组1965年对酵母苯丙氨酰-tRNA的77个核苷酸全序列的测定(Holley，et al. 1965；Holley，et al. 1965)，Holley本人也因此而获得了1968年的诺贝尔生理医学奖。其主要原理为利用两种序列特异的RNA酶对高纯度RNA进行消化，产物碎片经过分离纯化后，分别用外切酶消化以确定其序列，最后通过两种消化产物片段间重叠获得完整的序列。这种原始的RNA测序，是DNA测序技术的先兆，实验工作繁重、推导过程复杂，其最大的缺点是不适用于大分子序列测定。早期的研究者曾试图用类似的方法来测定DNA的序列，但是由于以上各种局限而未能得到很大的发展和应用。

(二) 直读测序法(“群体分子”测序)

20世纪70年代后期，第一代快速有效的DNA测序技术体系终于建立起来了。其中最为著名的是Maxam-Gilbert的“化学降解法”和Sanger的“双脱氧末端终止法”。这两种测序方法都是基于一系列标记了的单链A、T、C、G系列在聚丙烯酰胺凝胶电泳中的分离(单碱基分辨率)来读出该DNA分子的碱基序列。在原理上，除了使用不同方法得到A、T、C、G碱基序列外，两种方法非常相似。与原始测序法相比，其最大的特点是可以直接读出一段读长达几百碱基DNA的序列。

1. 化学降解法　化学降解法，又称“化学法”，是由Allan Maxam和Walter Gilbert于1976～1977年间在哈佛大学发明的(Maxam and Gilbert 1977)。该方法的原理为：纯化DNA单链分子群(可以为双链，但必须变为单链)，在其一端标上放射性标记后，分4组反应体系，分别用不同碱基特异(G、A+G、C和C+T)的化学物质处理，产生一系列在一端有标记、而另一端因切割位置而异的G、A+G、C、C+T的片段家族系列，最后将这4个反应体系并排进行聚丙烯酰胺凝胶电泳，经放射自显影后直接读出DNA分子中的碱基序列。

经过不断地改善，化学降解法已经能准确地读出长达200～400个碱基的序列。但即使如此也无法弥补其先天的不足：一方面，所用的毒性化学试剂和放射性标记，对实验人员的安全构成威胁；另一方面由于标记在一个末端，不易实现自动化。因此，化学法始终没能在大规模基因组测序中得到应用。

2. 双脱氧末端终止法 双脱氧末端终止法，又称"酶法"或"Sanger法"，是一种基于DNA聚合酶合成反应的测序技术。该方法最早源于Ray Wu用部分酶进行修复的方法(Wu and Taylor 1971)，即用dNTP部分修复的方式，对λ噬菌体12个碱基黏性末端的测序，而后经Sanger的"加减法"发展而来(Sanger，et al. 1973；Sanger，et al. 1975；Sanger，et al. 1977)。该方法的原理为：在测序引物一端标上放射性标记，待其与单链模板DNA的3′端复性后，通过DNA聚合酶从引物处进行5′至3′延伸反应，由于在其反应体系所需的底物dNTP(dATP、dCTP、dGTP和dTTP)混合物中加入了一定比例的ddNTP(ddATP、ddCTP、ddGTP和ddTTP)，ddNTP缺少进入下一个核苷酸延伸所需的3′羟基，延伸反应会随机的终止在任何碱基处，这样就会得到一组在A、T、C、G处截断了的长度差为一个核苷酸的DNA分子，将其进行聚丙烯酰胺凝胶电泳分离，放射自显影就可以直接读出从5′到3′的DNA序列。该方法有"化学法"无法比拟的优点：其所用试剂毒性较小；可选择性地对ddNTP进行标记；易于优化来提高读长和准确度；非常适合自动化。正因为如此，20世纪80年代开始发展的"双脱氧末端终止法"不仅成为了DNA测序的首选方法，而且还得到长足的发展。

20世纪末对"双脱氧末端终止法"的主要改进包括：改造聚合酶，用部分类似物取代ddNTP，在测序反应中整合PCR步骤。然而，使"双脱氧末端终止法"真正成熟起来的则是另外两项重要技术的出现——荧光标记技术和毛细管电泳技术。这两项技术的进步使Sanger法实现了自动化和高通量化，并使其成为大规模基因组测序的"黄金"方法。到20世纪90年代末，一系列基于Sanger法测序技术的设备及其衍生系列得以开发，像MegaBase系列和ABI系列都是其中的佼佼者。基因组学也随之掀起第一股基因组测序的浪潮，从人类基因组开始，许多重要物种的基因得以一一解密。

(三)"超大规模多模板平行"测序

尽管毛细管电泳技术和高通量自动化的Sanger技术的诞生，标志着第一代测序技术的成熟和基因组学时代的到来，但是Sanger技术本身的一些缺陷也成了基因组学发展的一个重大瓶颈。显然，基于传统的Sanger法测序，在通量上和经济成本上都不能满足基因组学迅速发展的要求。第二代测序技术，即"超大规模多模板平行"测序技术从此应运而生，Roche 454、Illumina Genome Analyzer和ABI SOLiD等测序技术先后实现了商品化。第二代测序技术具有如下显著特点：不单纯追求读长；对模板进行非克隆性扩增；用微芯片技术对"成千百万"个模板进行平行测序；都是基于链式合成反应原理。但值得注意的是，第二代测序技术同传统测序一样仍是基于"分子簇"的测序。由于通量大且与Sanger法相比成本降低了近3个数量级，近年来第二代测序技术已经在基因组学领域掀起了第二轮测序的热潮。

1. 焦磷酸测序 焦磷酸测序(Pyrosequencing)原理是首个实现商业化的第二代测序技术——454技术平台的基础，它是运用dNTP在DNA聚合反应时释放出的PPi信号来进行测序的(Ronaghi,et al. 1996;Margulies,et al. 2005)。其基本原理为:在聚合酶的作用下,当 dATP、dCTP、dGTP 和 dTTP 中的任何一种插入到延伸的 DNA 链时,会释放出 PPi;而 ATP 硫酸化酶能将 5′-磷酸硫酸(APS)和 PPi 转化成 ATP,ATP 提供能量进一步促使荧光素酶将荧光素氧化成氧化荧光素,同时释放出光信号。这样可以通过循环加入 dATP、dCTP、dGTP 和 dTTP,按所释放的光信号及其强度,读出相应的碱基及其数目,而把未反应的 dNTP 和 ATP 通过三磷酸腺苷双磷酸酶除去以便进行下一个反应(图 2.1)。该方法在原理上存在着固有的缺陷,由于每次反应碱基的读出,依赖于具体加入 dNTP 时释放的光信号及其强度,当遇上一连串的相同碱基,如一连串的 AAAA…,会出现少读或多读一个至几个碱基的情况。

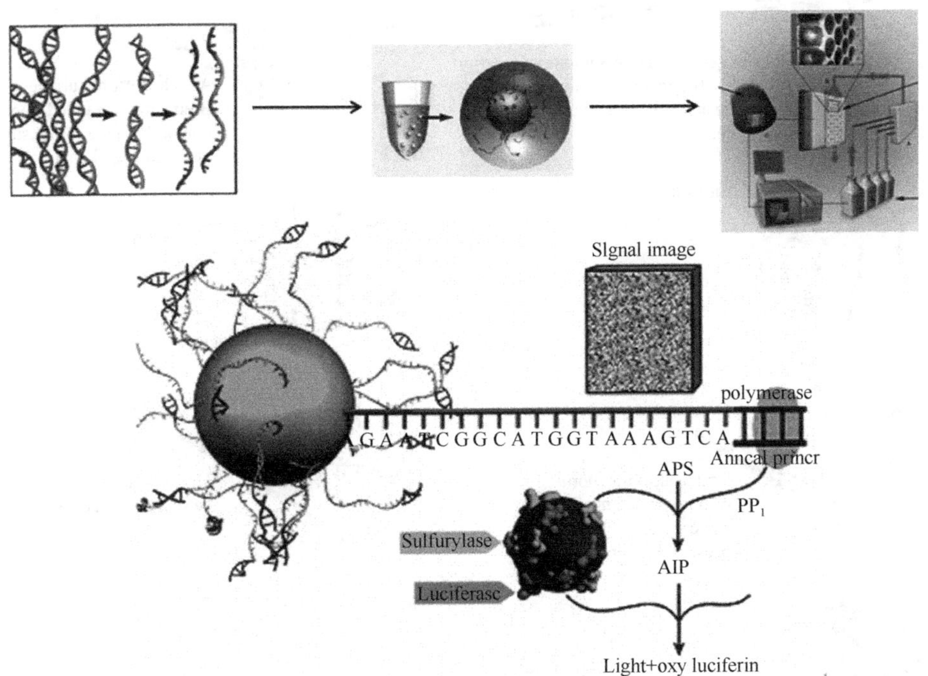

图 2.1　454 平台焦磷酸测序原理

这里再概略介绍一下 454 测序的基本流程:首先将待测 DNA 打断成适当大小的碎片,加上并选择两端带有不同接头的 ssDNA,通过一端的接头将单个 ssDNA 分子固定到微体磁珠表面,再用 ePCR 的方式对“成千百万”的 ssDNA 分子进行平行扩增,最后将表面带有“单模板扩增簇”的微体磁珠加载到测序微芯片的微孔中(1∶1),按磷酸测序原理进行测序。与其他两种已商业化的测序平台相比,454 测序的读长较长,通量较小,测序所需的时间最短,主要被用于微生物组学的研究。在 454 测序平台中,读长主要受 ePCR 片段的限制,通量主要受微体磁珠粒径和微芯片上微孔孔径的限制。

2. 改进的“边合成边测序技术”(可逆末端终止法)　Sanger 的双脱氧末端终止法,经过改进也被用于重要的第二代测序技术平台——Illumina Genome Analyzer 中,即可逆末端终止法(Sequencing by Reversible Terminator)(Bentley,et al. 2008)。其基本原理为,3′羟基经过特殊化学基团保护的 dNTP(dATP、dCTP、dGTP 和 dTTP),在聚合酶延伸反应能起类似于 ddNTP 的作用,使每次测序反应只有单个碱基被延伸,且其信号可以通过类似传统 Sanger 法中荧光检测方法检测;每次反应完成后,用特异的酶将修饰基团除去,便可以进行下一个碱基的测序(图 2.2)。在原理上,该方法的最大优点在于读长和读取数据灵活性上的强大组合,具有高准确性、高通量、高灵敏度和低运行成本等突出优势,能实现最广泛的基因组测序应用。

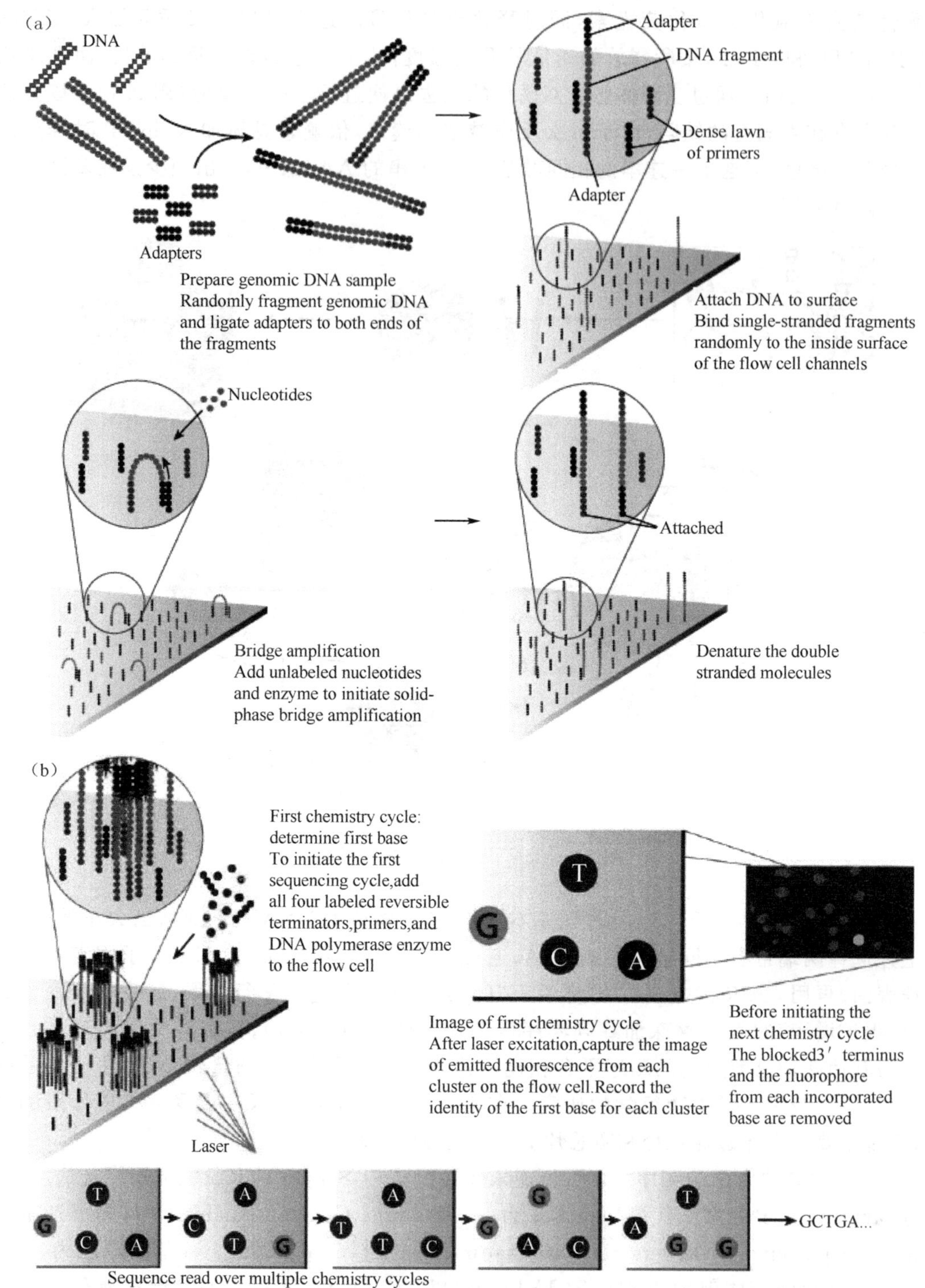

图 2.2　Illumina Genome Analyzer 及可逆末端终止测序原理

这里也概要地介绍一下 Illumina Genome Analyzer 的基本流程：首先将待测 DNA 打断成适当大小的碎片，两端加上接头，用 PCR 方式延伸接头，再用桥式 PCR 方式在微芯片上对“成千百万”模板分子进行平行扩增，最后按可逆末端终止的化学反应原理进行测序。Illumina Genome Analyzer 经过几代更新，读长已由 35 个碱基提高到 100 个碱基，通量(每台设备单次反应所获取的数据量)通量可达 50G，是采用第二代测序技术的首选方法。值得注意的是，采用该方法可以直接对 DNA 分子进行双末端测序。Illumina 于 2010 年又推出了的升级产品 HiSeq2000，其测序原理和 Illumina Genome Analyzer Ⅱ测序系统相似，仍然是采用可逆终止法的边合成边测序技术，但成本大幅度降低，通量更高，可达 200G，并仍有进一步提高的潜力。

3. 连接测序 连接测序(Sequencing by Ligation，SBL)原理最早由 Church 实验室开发(Shendure，et al. 2005)，后经 ABI 公司进一步发展成为另一个实现商业化的第二代测序技术——SOLiD。该方法以四色荧光标记寡核苷酸进行连续的连接反应为基础。其在原理上与前两个相比，以 DNA 连接酶取代 DNA 聚合酶，底物由部分简并了的寡核苷酸取代 dNTP，通过引物从 3′到 5′连接延伸反应来进行循环测序。由于用确定了第 1、2 位且相邻几个(Mardis 2008)碱基为简并的寡聚核苷酸进行延伸，每轮反应(一般包括 4 个延伸反应)只能确定特定位置的碱基，为了读出连续的序列，每轮反应结束后测序引物必须往前移动一个碱基，如此循环直到读完间隔序列(图 2.3)。该方法在原理上的最大优点为连接酶的保真度比聚合酶高，准确度较高；另外，同时对每个碱基进行双色编码是该方法的一大特色。

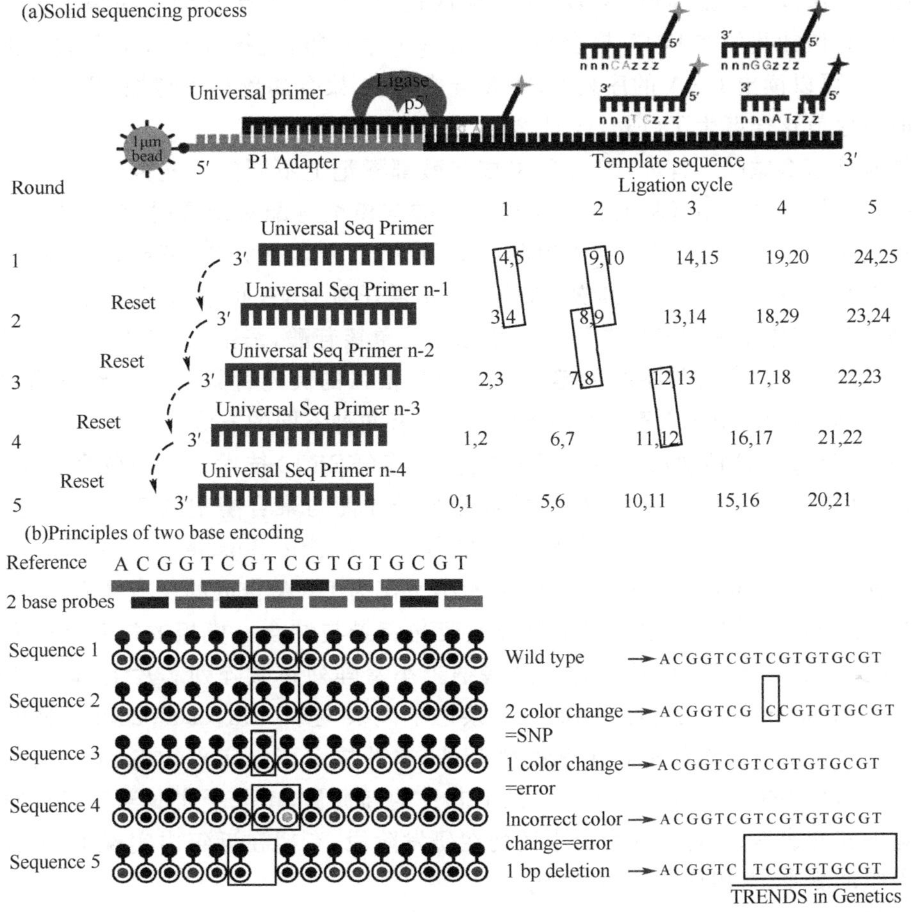

图 2.3 SOLiD 及连接测序原理

SOLiD的基本流程与454较相似：待测DNA被打断成适当大小的碎片后，加上两种不同的接头，通过一端的接头将单个ssDNA分子固定到微体磁珠表面，再用ePCR的方式对“成千百万”的分子进行平行扩增，并通过第二个接头选择两端带有不同接头的ePCR磁珠克隆，最后加载到测序芯片上按连接测序的原理进行测序。采用SOLiD进行测序所得到的数据的读长和通量与Illumina Genome Analyzer近似，也是重要的第二代测序技术。

4. 杂交测序 杂交测序(Sequencing by Hybridization，SBH)的基本原理就是通过待测DNA与已知探针序列单链间在芯片上互补配对杂交来实现。最简单的杂交测序方法就是将待测分子加到带有一系列寡核苷酸微阵列芯片上，然后通过读出杂交信号及比较所有探针序列的杂交信号来推断出该分子的序列。基于Tiling Array的重测序芯片即是其中的一种。近几年来，杂交测序也有了一定的发展，Shotgun SB是其中最有趣的一种方法。该方法类似微型化的Clone by Clone测序，先将DNA打断成200 bp左右的碎片，经滚环扩增(rolling circle amplification，RCA)方法扩增后，将其固定在测序芯片上，并用45个寡核苷酸探针去杂交并推导出单个200bp模板的序列，最后将所有片段序列拼接成整个DNA分子序列(Pihlak，et al. 2008)。该方法在价格、通量和速度上都有一定的优势。

(四)“单分子”和纳米测序技术

1. 单分子实时测序技术 单分子实时测序(Single-molecule Real Time Sequencing)是个很有趣的想法。大家都知道，在DNA的合成过程中，DNA聚合酶会在模板链上边合成边移动，试想，假如我们在DNA聚合酶上安装一个电子眼，直接观察每个合成上去的碱基是什么，不就可以读出DNA的序列？DNA合成越快，聚合酶跑得就越快，测序就越快。单分子实时测序就这样诞生了(Eid，et al. 2009)。

具体应该怎么做呢？首先，将每种单核苷酸都标记上不同的荧光分子，荧光分子标记在5′-磷酸基团上，而并非碱基上。当某种核苷酸与模板链配对结合时，就会在DNA聚合酶处发出荧光信号，从而达到边合成边测序的目的，信号捕捉完毕，就会切割荧光基团，成为正常的核苷酸，再继续反应。其次，这种方法不需任何DNA扩增，是真正的单分子测序。

可是，在反应体系中同时存在很多荧光标记的单核苷酸，茫茫“光海”中，究竟哪束光才是我们所要的？因此实时测序的关键在于如何从很强的荧光背景中检测到正确的荧光信号，必须使正确的荧光更加明亮，易于分辨。对此有两种不同的方法。

美国的Visigen公司使用了荧光共振能量转移(FRET)技术。使用荧光标记的DNA聚合酶，只有结合到模板的单核苷酸上的荧光分子才能与聚合酶中的荧光分子足够接近，产生FRET作用，从而发出强于背景的荧光信号。而Pacific Bioscience公司使用一种被称为零模式光导(zero mode waveguide)的纳米小室作为DNA合成的反应体系，这个反应空间直径只有70nm，足够小的空间将单核苷酸荧光背景与结合上模板的核苷酸荧光信号区分开，从而实现了足够的检测信噪比。这些纳米小室阵列在微阵列芯片上，得以实现高通量。Pacific Bioscience公司已经在Science杂志上发表文章(Eid，et al. 2009)，证明了这种技术的可行性。由于合成的都是正常的核苷酸，这种技术可以实现比Sanger法更长的读长。并且碱基合成速度达到每秒10个，加上芯片的高通量，单分子实时测序可以很轻易地实现高速度和低成本。目前，这种技术还处在研发阶段，有望在近年内实现15分钟内完成个人基因组的测序，费用低于1000美元。

这种新一代测序技术的特点，一个是“单分子”，只要一条模板链分子就可以读出序列，以保证高精确度;一个是“实时”,在碱基合成的过程中同步进行检测,是高速度的基础。

2. 纳米孔测序技术 当测序技术和纳米技术结合起来,会出现什么激动人心的场景?纳米孔测序(Nanopore Sequencing)是近年来发展最快、最热门的领域之一。很多研究者认为,这是在未来几年内最有希望实现1000美元个人基因组项目的下一代测序技术。美国国家人类基因组研究所(NHGRI)2008年资助的8个1000美元基因组项目中,有5个与此相关。

当在充满电解液的纳米级小孔两端加上一定的电压时(如100 mV),可很容易测定通过此纳米孔的电流强度。当纳米孔的直径恰好只能容纳一个核苷酸通过时,长链核酸(DNA或RNA)在电场作用下依次通过此纳米孔。纳米孔一旦被核苷酸阻断(block),通过的电流强度会变弱。而由于4种核苷酸碱基的差异导致的空间构象差别,纳米孔被阻断时电流变小的程度不同,4种碱基分别有其特定的电流峰值。在DNA依次通过纳米孔时检测相应的电流来判断对应的碱基,即可实现测序,这就是纳米孔测序技术的基本原理(图2.4)。

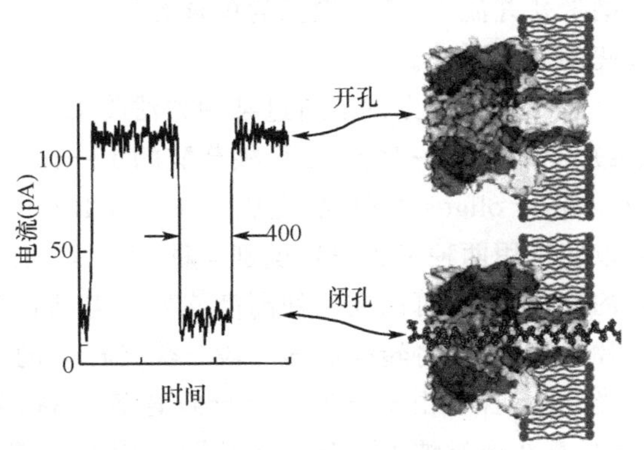

图2.4 纳米孔测序原理

与传统Sanger法和第二代测序技术相比,纳米孔测序的优势显而易见:低成本、高速度和高通量。纳米孔测序过程中不需要任何生化反应的参与,几乎不需要任何试剂成本,只有样品制备、设备折旧和纳米孔芯片的成本,这将大大优于大多数第二代测序技术。在电场作用下DNA通过纳米孔的速度决定了测序速度,而在120mV电压下通过速率达到1~20μs/核苷酸,这意味着理论上一个纳米孔就可以达到百万碱基每秒的测序速度,非常惊人。如果能在一张芯片上阵列大量的纳米孔,就能轻松达到高通量测序。此外,纳米孔测序还具有需要样品量少,超高读长的优点。由于不需要任何聚合或连接反应,只是在长链核酸电泳过程中测序,理论上读长可以达到上万个碱基。这些优势使得作为下一代测序技术的纳米孔测序非常具有吸引力:能在极短时间内(比如数小时)以极低的成本(比如几百美元)完成一个哺乳动物基因组 *de novo* 测序(高读长使得拼接方便)。

尽管如此,纳米孔测序技术离实际应用还有一定的距离,很多技术细节都面临着挑战。比如,前面提到DNA通过纳米孔的速度很快,达到微秒每核苷酸的级别,可是目前传感器的灵敏度远远达不到在这个速度下检测电流变化。只有通过各种方法(比如某种酶)降低DNA的通过速率,达到毫秒每核苷酸,才能使用已有的检测器。此外,在芯片上大规模集成纳米孔也是技术的难点。

为了解决纳米孔测序的一系列技术难题,通过与其他电子技术和生化技术的结合,纳米孔测序出现了几种不同的技术解决方案,但这些方案又都面临着问题。总体来看,有以下4种方案:

第一种方案完全是以前述的纳米孔测序原理为基础,通过检测DNA电泳通过纳米孔的电流变化来测序。这种方法的最大挑战是,由于纳米孔总有一定的厚度,往往能同时容下10~15个核苷酸链。因此,对应的特征电流是这么多核苷酸的综合效果,而不能达到一次检测单个碱基的目的。由于纳米孔的电场宽度是由孔径决定的,会向纳米孔两端各延伸一个孔径的距离。根据计算，要能容纳一个核苷酸通过的纳米孔最小孔径是 1.5nm，这意味着纳米孔的厚度最小也要 3nm，还是不能达到单碱基测序的灵敏度。

第二种方案为了达到单碱基测序的目的，采用了一种酶切检测的方法。在 DNA 即将通过纳米孔时，用一种连接在纳米孔上的内切酶将末端核苷酸切割下来，随后以单核苷酸的形式通过纳米孔，检测阻断电流特征峰，随后再切割下一个碱基……就能实现单碱基测序。这种方法的挑战：一是找到合适的工作酶；二是保证切割下的单核苷酸全部依次的进入纳米孔并流出；三是检测的单核苷酸电流信号能代表 DNA 的序列，最后是合适的纳米孔和酶的连接方法。

还有另一种方案是通过某种方法将 DNA 上 4 种核苷酸转换成 4 种寡聚核苷酸链(oligos)，比如包含一对各 12 个核苷酸的 12-mer oligos(A 和 B)。经过转换后，A、T、G、C 分别被 24-mer oligos 所取代，变成 AA、AB、BA 和 BB。A 和 B 上都标记了不同的荧光分子，就可以实现用两种荧光信号识别 4 种 oligos。目前，Lingvitae 公司通过限制性内切酶和连接酶的参与，已经可以在一种高度阵列的自动化系统中实现在 24 小时内转换一个人的全基因组片段。接着，将转换后的片段与荧光标记的 A 和 B 互补的寡聚核苷酸探针杂交，自由的荧光 oligo 探针由于自身猝灭导致背景不高，杂交上的 oligo 由于 FRET 效应也没有高背景，只有在通过纳米孔时将探针脱离模板才能产生强荧光信号，并且可以直接读出碱基序列。这种方法的缺点在于加入了酶促反应，增加了成本，同时成倍变长的 DNA 也降低了测序速度。

最后一种方法是在纳米孔的两端加上两个功能化电极探针。在单链 DNA 通过纳米孔时，一个电极探针与核苷酸的磷酸基团相连，另一个电极连接碱基，都以氢键形式。当在电极两端施加电场时，会产生瞬时横向电流信号而被捕捉。通过使用 4 种不同的碱基识别电极，分别平行的在纳米孔中对单链 DNA 测序，就可以读出整条序列。但是，如何控制 DNA 穿过纳米孔的速度，使 4 对识别电极同步化是这种方法面临的最大问题。

总而言之，纳米孔测序展现出诱人的前景，同时也有很多问题尚待解决。纳米孔测序依赖于生物、电子、材料等学科的发展，是学科交叉的集中体现。新一代测序技术的目标就是在很短时间内以低于 1000 美元的成本测序一个人的基因组，纳米孔测序一旦实现，这一天指日可待。

二、测序的操作流程(以 Illumina/HiSeq2000 测序仪为例)

(一) DNA 模板的制备和质控

提取、纯化基因组 DNA，取少量基因组 DNA 经检测合格后将 DNA 随机地打断成所需的片段大小，采用琼脂糖凝胶电泳检测，确定样品片段的主带范围；随机打断后的 DNA 片段有平末端，也有 3′或 5′端突出的情况，需要进行末端修复，利用 T4 DNA 聚合酶和 Klenow 聚合酶的 3′到 5′端外切酶活性除去 3′突出端，利用聚合酶的 5′到 3′端聚合作用，补齐 5′突出端，使 DNA 片段全部变成平末端，并采用 T4 PNK 将片段 5′端磷酸化；利用无 3′到 5′外切活性的 Klenow 聚合酶(Klenow exo^-)在已修复的 DNA 片段的 3′端加上一个"A"碱基；接头为一段能与测序芯片(Flow cell)上接头杂交的 DNA 序列，DNA 片段的 3′端有一个"A"碱基突出，接头的一端为 3′突出端(另一端为平末端)，有一个"T"碱基可与 DNA 片段上的"A"碱基配对，用 DNA 连接酶将接头有方向性地加到 DNA 片段的两端；用琼脂糖凝胶电泳分离加了接头的 DNA 产物，切胶回收一定大小的片段，除去未加到 DNA 片段上的接头，以及其他不符合片段大小的 DNA 片段；纯化回收凝胶中的目的 DNA；PCR 中两种引物序列可与接头的序列配对，富集所有两端都加上接头的目的片段，并使 DNA 文库中所有序列都能得到扩增，PCR 产物经过胶回收纯化后，需经 Agilent Bioanalyzer 2100 检测浓度及片段大小后才能进行下一步(图 2.5)。

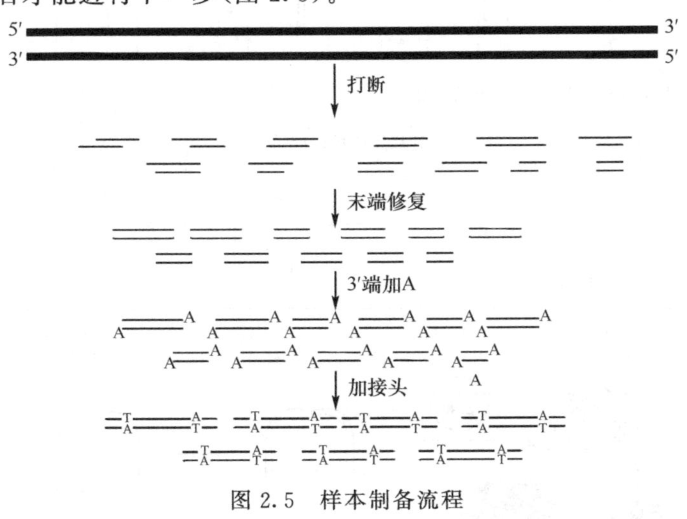

图 2.5　样本制备流程

使用 Agilent Bioanalyzer 2100 芯片分析系统检测 DNA 文库的片段大小及浓度是否合格；检测合格后再以 Agilent Bioanalyzer2100 对文库的检测结果为参照，使用荧光定量 PCR 仪对文库进行定量，并测出文库浓度，为之后的 Cluster 制备提供浓度依据。

(二) Cluster 的制备和质控

Cluster 的制备主要是在 cBot(图 2.6)上完成的，通过桥式扩增，精确、高效的获得百万条成簇分布的双链待测片断。

根据 QPCR(荧光定量 PCR)测定的文库浓度，进行样品最终上机浓度的制备，包括样品的变性和稀释。

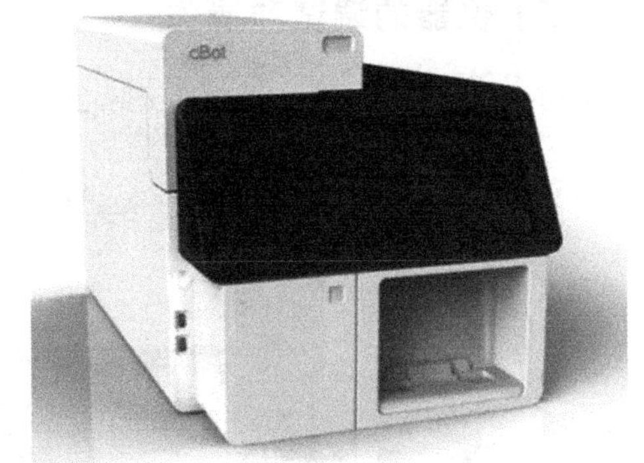

图 2.6　Illumina cBot Cluster Generation System

样品变性稀释完成后，利用微注射系统(Manifold)将已经加过接头的待测片断随机添加到芯片(Flow cell)内，每一个 Flow cell 又分成 8 道 Lane，每道 Lane 的内表面上的接头能通过碱基互补配对以共价键的形式与带接头的单链待测 DNA 片断结合。在芯片内加入 4 种 dNTP 和 DNA 聚合酶起始固相桥式扩增。所有单链桥式待测片段被扩增成双链桥片断，通过变性，释放出互补的单链，锚定到附近的固相表面。通过不断循环，将会在 Flow cell 的固相表面上获得上百万条成簇分布的双链待测片断。再在 Flow cell 中加入线性化酶，线性化酶能特异的识别 Flow cell 接头上的特定位点使双链的 DNA 线性化。再加入末端转移酶和 ddNTP，能够转运 ddNTP 到 DNA 链的末端，阻断 DNA 的继续延伸。最后通过变性，使双链 DNA 变成单链，在 Flow cell 内加入特异引物，使其与接头上的特异序列结合，完成 Cluster 的制备，进入下一步的测序(图 2.7)。

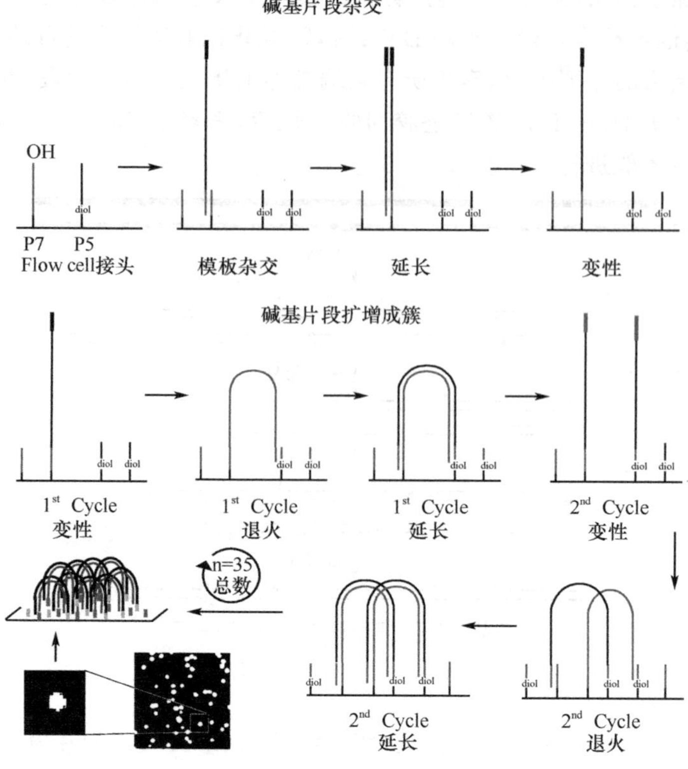

图 2.7　Cluster 制备流程

(三) 仪器的调试和操作

Cluster 制备完成后，再由 HiSeq2000 测序仪(图 2.8)进行测序。HiSeq2000 系统应用了边合成边测序(SBS)的原理，在已制备好 Cluster 的 Flow cell 中加入改造过的 DNA 聚合酶和带有 4 种荧光基团标记的 dNTP。这些核苷酸是“可逆终止子”，因为 3′羟基末端带有可化学切割的部分，只容许每个循环掺入单个碱基；此时，用激光扫描 Flow cell 表面，读取每条模板序列第一轮反应所聚合上去的核苷酸种类。之后，将这些荧光基团化学切割，恢复 3′端黏性，继续聚合第二个核苷酸。如此继续下去，直到每条模板序列都完全被聚合为双链。这样，统计每轮收集到的荧光信号结果，就可以得知每个模板 DNA 片段的序列。

图 2.8　Illumina HiSeq2000

测序开始前，先让测序仪器 HCS 软件(HiSeq Control Software)进行初始化检测，检测管道通畅性等方面。HCS 软件必须通过初始化检测，测量管道泵出液体的体积与仪器设定的理论排出体积是否相等，只有以上各方面测试成功后，方能正式进行测序实验。

仪器检测调试完毕后，装上冲洗用的 Flow cell，换上超纯水，打开测序仪 HCS 软件选择“WASH”(程序)中的“Post-Run”清洗机器，测量 prime 出来的废液排出量，检测管道的通畅性，防止污染。洗完后，卸下超纯水，安装上配制好的试剂准备进行 prime。

选择 HCS 软件“SEQUENCE”(程序)，根据待测序样品的测序长度，填写和设置正确的测序参数，根据 prime 的程序设置，使试剂代替水充满整个管道；同时测量 prime 出来的试剂排出量，再次检测管道的通畅性。

在 prime 完成后，卸下旧的 Flow cell，安装上新 Flow cell(已制备好 Cluster，一台仪器可以同时安装两张 Flow cell 进行测序)，手动泵一次 buffer 试剂，观察 Flow cell 是否有漏液和气泡，如果没有漏液和连续的气泡为正常(若有连续气泡，可再重复泵一到两次，当情况无改善时请重新安装 Flow cell)。确定正常后，根据 HCS 软件提示继续下一步操作。

开始测序过程，先是第一个碱基(First base)的结合、拍照、初步分析，获得评价报告，判断测序是否继续进行，也是对 Cluster 制备质量的一个检测；如果报告的 Cluster 密度、4 种荧光基团强度符合标准，就继续测序过程(若不符合标准，重新再制备 Cluster)(图 2.9)。

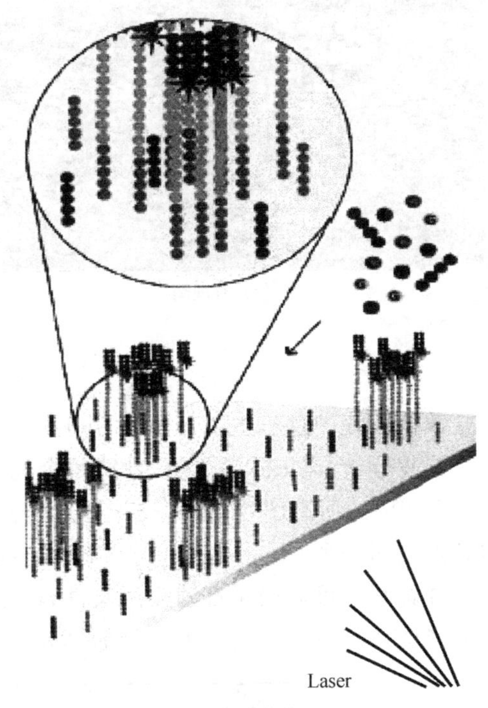

图 2.9　荧光基团的结合

测完一个碱基后，就会自动泵入切割试剂，切除核苷酸的荧光基团，恢复 3′端黏性；再泵入标记有荧光基团的 dNTP 及聚合酶，重新结合上一个标记有荧光基团的 dNTP，再拍照、初步分析获得第二个碱基的数据；这样重复的循环切割、结合、拍照、分析，就能获得待测样品片段的碱基序列信息。

(四) 序列数据的提取和处理

在每个 Cycle 过程中，荧光标记的 dNTP 和聚合酶被加入到 Flow cell 中。每个单链 DNA 分子通过互补碱基的配对延伸，利用生物发光蛋白，如萤火虫的荧光素酶，可通过碱基结合上后所释放出的焦磷酸盐来提供检测信号。针对每种碱基的特定波长，激光激发结合上的核苷的标记，这个标记会释放出荧光。荧光信号被 CCD 采集，CCD 快速扫描整个 Flow cell，检测特定的结合到每个片断上的碱基。通过上述的结合，检测可以重复几十个循环，这样就能够决定核苷酸片断中的几十个碱基到一百多个碱基(图 2.10)。

数据处理的基本原理是根据测序的每一个 Cycle 中，通过线性扫描(line scanning)的拍照(imaging)方式，利用 4 个 CCD 分别获取 ACGT 4 种碱基发出的荧光，再根据不同的 Cycle，在同一 Cluster 上发出的荧光不同，确定序列(图 2.11)。

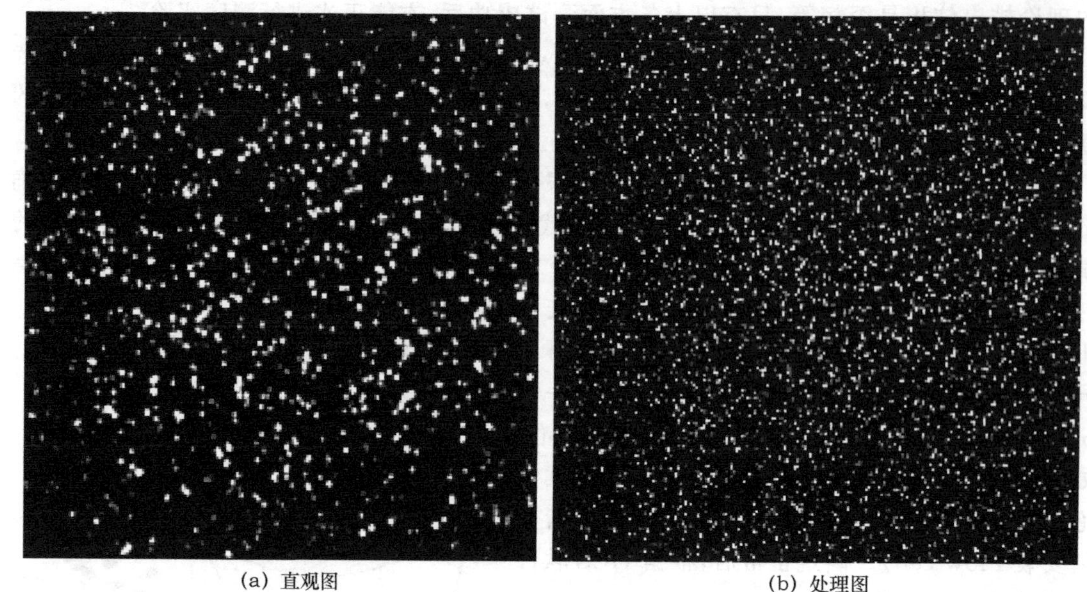

(a) 直观图　　(b) 处理图

图 2.10　Flow cell 扫描图

数据处理的过程主要分为图片分析、读出序列、序列分析这三大步。

图片分析：以 tile 为单位，计算每个亮点的位置坐标(x，y)，亮度值强度，背景噪声；将同一个 tile 的所有图片对齐，校正亮点坐标，使坐标对齐；坐标对齐后，不同图片中坐标相同的亮点是同一个 Cluster，同一个 Cluster 在同一个 Cycle 中，有 4 个亮度值，4 个背景值，对应 4 种碱基。机器程序自动输出文件，记录所有 Cluster 的坐标(x，y)，并根据 4 种碱基的亮度强度，背景噪声，进入下一步的序列读取(图 2.12)。

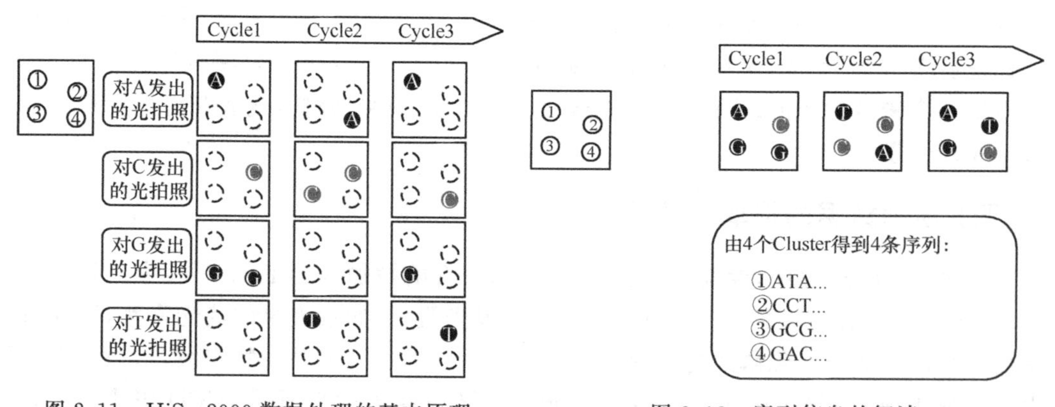

图 2.11　HiSeq2000 数据处理的基本原理　　图 2.12　序列信息的解读

读出序列：校正 4 种碱基的亮度，对于同一个 Cluster 的同一个 Cycle，比较 4 种碱基的亮度，取亮度最大的碱基，一个 Cluster 的每个 Cycle 的最亮碱基连起来组成该 Cluster 的碱基序列；对于同一个 Cluster 的同一个 Cycle，有 4 种碱基的亮度，计算读出碱基的可信程度，为下一步的序列分析做准备。

序列分析：根据每一个 Cluster 在一个 Cycle 中的碱基亮度值、质量值，筛选符合条件的碱基序列，与参考序列比对计算错误率，以获得高质量的序列。

备注：

Flow cell：一种玻璃测序芯片，分为 8 个 Lane，每条 Lane 有上下两个表面，人为(CCD 视场)地分为 2 条 Swatch(一条 Lane 的一半)，每条 Swatch 分为 8 个部分(tile)，上下表面均有与样品连接的接头碱基互补的固定接头(图 2.13)。

CCD：把光学信号转变成数字信号的图像传感器。

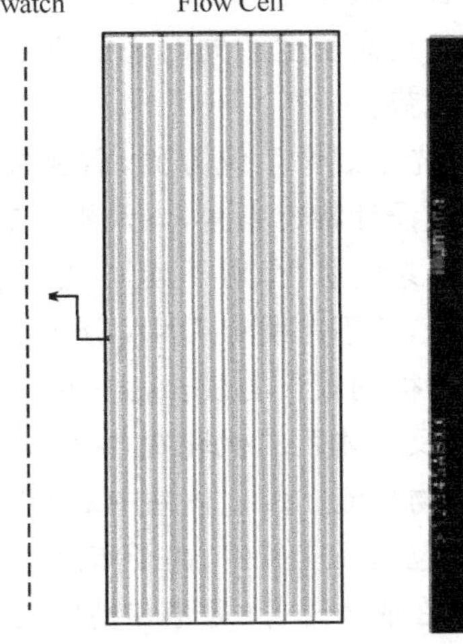

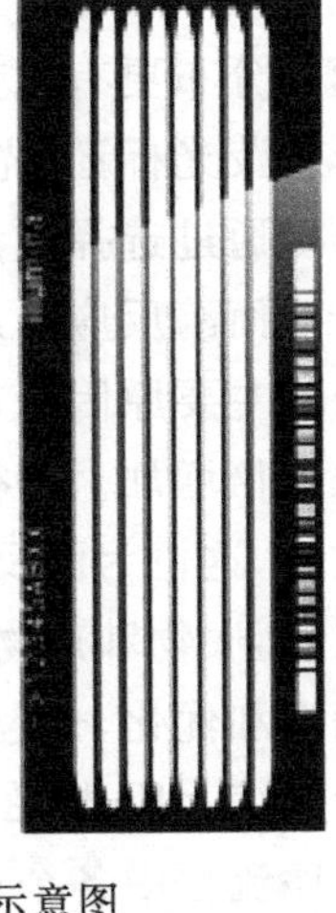

图 2.13　Flow cell 示意图

三、现有测序技术的优点和不足

现有的边合成边测序(SBS)技术通常是用 DNA 聚合酶或 DNA 连接酶同时平行地合成很多 DNA 链，4 种核苷酸或者多种寡核苷酸底物，要么一次加一种，要么分别带上标记后一起加入反应体系中。为了保证合成的连续性，那些核苷酸底物必须能够可逆性地被封闭，之后又能再被激活。

由于可以像芯片一样，在一个固定表面平行合成许许多多 DNA 链，因此 SBS 测序技术的通量非常高，一次可读取几十万条序列信息。相对于传统测序技术 Sanger 法、SBS 测序技术的成本大大降低。

但 SBS 测序法存在一个最大的缺点，即读长太短。目前 Illumina 公司的 HiSeq2000 测序仪最大读长可达 300bp，ABI 公司的 SOLiD 测序仪最大读长只有 50bp。相对于 Sanger 法读长 500bp 至 1kb 来说，SBS 测序技术仍有很大改进的空间。由于读长短，给后续的生物信息分析带来很大困难。

另一方面，SBS 测序技术的成本仍很高，测序仪器相关的花费、仪器本身的耐用性等可直接影响一个基因组测序的费用及测序的通量。

四、测序技术改进的方向和途径

对于现有的 SBS 测序平台，面临的技术挑战包括：样品制备技术、表面化学技术、荧光标记技术、酶反应体系的优化、光学成像技术、仪器设计等方面(Fuller，et al. 2009)。

在样品制备方面，已有很多的应用技术，包括微珠、磁珠扩增、油包水 PCR、桥式 PCR 扩增等。在样品制备上的花费因不同建库策略而异，例如在 pair-end 建库中，随插入片段增加所需样本量也随之增加。扩增过程，包括 PCR 等，也被应用到样品制备中，因此可以从很低起始量开始建库。现有 SBS 测序技术在样品制备中的花费仍比较高，仅仅试剂就需约 300 美元，而且一般需要几天的时间。建库流程繁琐，使样品间污染的几率也大为增加。因此，降低试剂使用量，提高自动化水平将是主要的改进方向。许多新的建库策略随之出现，包括 Barcoding 技术、序列捕获技术、PCR-free 策略等。Barcoding 技术使多样本平行测序成为可能，因此使每个样本的建库成本降低，同时提高了样本通量。序列捕获技术可以仅仅针对特定区域，比如外显子(仅占整个基因组约 1%)进行测序。

表面化学技术主要包括平滑玻片、微珠等表面技术。其面临的技术挑战包括为合成酶反应提供可结合的表面，降低染料的吸附，以及使结合的 DNA 链密度最大化。现有的 SBS 测序技术在尽量提高密度的同时还需保证分辨率，因此一种规整的、紧密的排列分布会比随机分布更有优势。

荧光标记、光学成像系统方面，需要提高分辨率，以及降低残余染料产生的背景信号。可以通过选择或设计特定染料，以及提高成像系统的像素和分辨率等达到改进的目的。

而酶反应体系的优化，对于读长和速度的提高也是至关重要。SBS 测序技术中限制读长的主要原因是，并不是所有 DNA 分子的合成都保持同步，因而随着循环数的增加错误率也成倍增加。为得到较长的读长，必须保证样本中所有 DNA 分子的合成保持近 100%的一致性，这也为酶反应体系的优化提出了很高的要求。一般在反应体系中，模板或酶保持固定，而底物和产物是流动的。体系中对 DNA 聚合酶、核苷酸底物的修饰等都需要经过严格筛选和优化，也包括反应条件、离子浓度等(Gharizadeh，et al. 2006)。

综上所述，在成本降低、通量和精度的提高、读长增加这样一个改进方向下，需要对 SBS 测序流程中各个环节进行总体的优化，以达到一个最佳组合(Kong 2009)。

第二节　测序技术的应用

一、全基因组测序

全基因组测序(Full Genome Sequencing，FGS；也称为 Whole Genome Sequencing，WGS)，要求一次测出一个物种或个体的所有基因组序列，同时包括线粒体 DNA 和叶绿体 DNA。

全基因组测序只需少量 DNA，唾液、表皮细胞、骨髓、发丝(只要发丝含有发囊)、种子、植物叶片或其他包含 DNA 的细胞都能作为材料。由于测序产出是如此之大(人的二倍体基因组包含近 60 亿个碱基对)，故需要强大的计算能力和存储容量以便于存储和分析。全基因组测序在微处理器、电子计算机及信息时代到来之前，基本是不可能实现的。

1977 年，Sanger 和同事对 ΦX174 的序列进行了测定。这是第一个被测定的病毒基因组，5386 个碱基对，共编码 11 个基因。第一个被测序的细胞器基因组是人类的线粒体，大约为 16 568bp，共编码 13 个蛋白质，2 个核糖体 RNA 和 22 个转录 RNA。第一个完成测序工作的真核染色体为啤酒酵母的Ⅲ号染色体，该染色体大小约为 315kb，包含 182 个系统预测的开放式阅读框。第一个完成测序的独立生存的生物体基因组是流感杆菌 *H. influenzae Rd* 的基因组，大小为 1 830 138bp。

继“人类基因组计划”完成第一个人类个体的基因组测序之后，另一个完成全基因组测序的个体是 J. Craig Venter(白种人，7.5 倍覆盖度)，接着完成了 James Watson 的测序(白种人，男性，7.4 倍覆盖度)，一个中国汉族人(YH，36 倍覆盖度)，一个尼日利亚的约鲁巴人(30 倍覆盖度)，一个女性白血病患者(33 倍覆盖度的肿瘤组织及 14 倍覆盖度的正常组织)，Seong-Jin Kim(韩国人，29 倍覆盖度)的基因组测序。现已完成近 100 个人的全基因组序列测定。

二、目标序列的捕获：芯片技术和测序技术的结合

人类基因组参考序列的完成，为人类全面认识基因组奠定了夯实的基础。随着对个体化疾病诊断和治疗的深入细致研究，罕见突变和新单核苷酸变异(single nucleotide variant，

SNV)的研究越来越受到科学家的重视。

为了高效、低成本开展科学研究，研究者把重点集中到了候选基因组区段或候选基因。这种研究策略的靶向性、目标性更强，有利于节省经费和减少时间消耗。这种研究思路促进了将第二代测序技术应用于外显子捕获(Exon Capture)，相关技术平台包括基于高密度DNA探针芯片的外显子捕获技术、杂交捕获技术、液相靶向序列捕获技术等。

针对目标序列的研究，以下内容从实验和信息分析两个角度阐释了其研究框架。

(1) 实验基本思路：被选区域可以是连续的基因组序列，也可以是独立位点或外显子序列(图 2.14)。

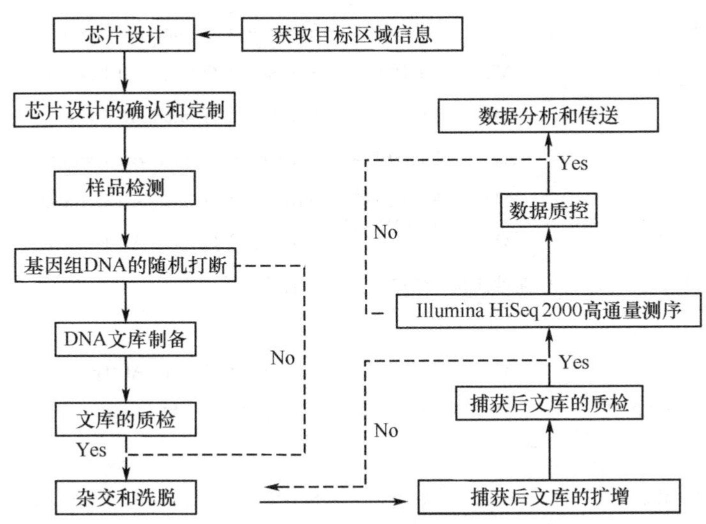

图 2.14　目标区域测序实验流程

(2) 信息分析思路(图 2.15)。

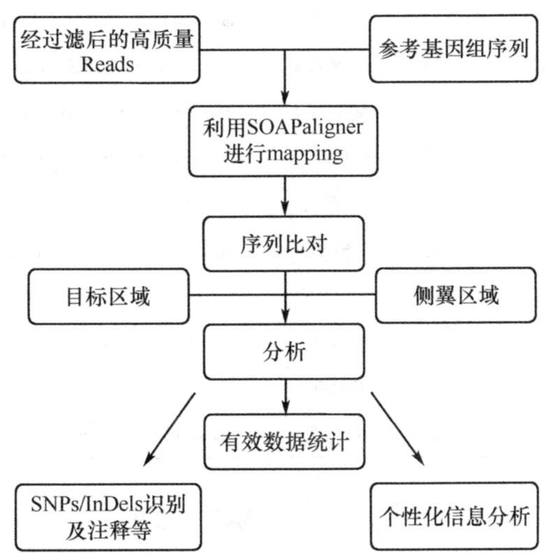

图 2.15　目标区域测序的生物信息学分析流程

利用目标区域捕获技术，结合新一代测序技术以及信息分析手段，对众多疾病的研究已取得了很大进展。目前全基因组外显子测序不仅广泛应用于孟德尔疾病的研究中，也应用于一些代谢疾病的研究。众多研究结果表明全基因组外显子测序已在孟德尔疾病或罕见综合征的研究中取得了重大突破(表 2.1)。

表 2.1　全基因组外显子测序研究的孟德尔疾病

疾病	遗传模式	致病基因	全基因组外显子测序	
			捕获芯片	测序平台
1. 散发病例				
弗里曼谢尔登综合征	AD	*MYH3*	SureSelect Human All Exon kit	Illumina GA Ⅱ
Kabuki 综合征	AD	*MLL2*	SureSelect Human All Exon Kit	Illumina GA Ⅱ
Schinzel-Giedion 综合征	AR	*SETBP1*	SureSelect Human All Exon kit	SOLiD
Sensenbrenner 综合征	AR	*WDR35*	SureSelect Human All Exon kit	SOLiD
Fowler 综合征	AR	*FLVCR2*	SureSelect Human All Exon kit	Illumina GA Ⅱ x
Perrault 综合征	AR	*HSD17B4*	SureSelect Human All Exon kit	Illumina GA Ⅱ x
Hajdu-Cheney 综合征	AD	*NOTCH2*	SureSelect Human All Exon kit	Illumina GA Ⅱ x
成骨不全	AR	*SERPINF1*	SureSelect Human All Exon kit	SOLiD
复合物 Ⅰ 缺乏症	代谢性疾病	*ACAD9*	未提及	SOLiD
2. 散发和家系内病例				
米勒综合征	AR	*DHODH*	SureSelect Human All Exon kit	Illumina GA Ⅱ
Brown-Vialetto-van Laere 综合征	AR	*C20orf54*	NimbleGen 2. 1M array	Illumina GA Ⅱ x
3. 家系内病例				
血磷酸酯酶过多智力迟钝综合征	AR	*PIGV*	SureSelect Human All Exon kit	SOLiD
家族性 β-脂蛋白过少血症	AD	*ANGPTL3*	SureSelect Human All Exon kit	Illumina GA Ⅱ x
色素性视网膜炎	AR	*DHDDS*	NimbleGen 2. 1M array	Illumina GA Ⅱ x
4. 家系内病例结合定位区域				
非综合征性耳聋	AR	*GPSM2*	SureSelect Human All Exon kit	Illumina GA Ⅱ x
肾脏相关性 ciliopathy(NPHP-RC)	AR	*SDCCAG8*	NimbleGen 385K array	Illumina GA Ⅱ
Carnevale,Malpuech,Michels 和 OSA 综合征	AR	*MASP1*	SureSelect Human All Exon kit	Illumina GA Ⅱ x
原发性淋巴管性水肿	AD	*GJC2*	SureSelect Human All Exon kit	Illumina GA Ⅱ x
肌萎缩性侧索硬化(ALS)	AD	*VCP*	SureSelect Human All Exon kit	Illumina GA Ⅱ x
非综合征的智力迟钝	AR	*TECR*	Agilent 244K microarray	Illumina GA Ⅱ
van Den Ende-Gupta 综合征	AR	*SCARF2*	SureSelect Human All Exon kit	Illumina GA Ⅱ x
自身免疫性淋巴组织增生症(ALPS)	AR	*FADD*	SureSelect Human All Exon kit	Illumina GA Ⅱ x
小脑共济失调	AD	*TGM6*	NimbleGen 2. 1M array	Illumina GA Ⅱ
逆向性痤疮	AD	*NCSTN*	SureSelect Human All Exon kit	Illumina HiSeq2000

三、转　录　组

mRNA 测序或 mRNA-Seq 是指将高通量测序技术应用到由 mRNA 逆转录生成的 cDNA 上,从而获得来自不同基因的 mRNA 片段在特定样本中的信息。同样原理,各种类型的转录本都可以用深度测序技术进行高通量定量检测,统称作 RNA-Seq 或 RNA 测序。

随着新一代高通量 DNA 测序技术的快速发展,RNA 测序(RNA-Seq)已成为基因表达和转录组分析的重要手段(图 2.16)。其中转录组(transcriptome)是某个物种或者特定细胞类型产生的所有转录本的集合,与基因组不同的是,转录组的定义中包含了时间和空间的限定。同一细胞在不同的生长时期及生长环境下,其基因表达情况是不完全相同的。转录组的研究能够从整体水平研究基因功能以及基因结构,揭示特定生物学过程以及疾病发生过程中的分子机理,已广泛应用于基础研究、临床诊断和药物研发等领域。

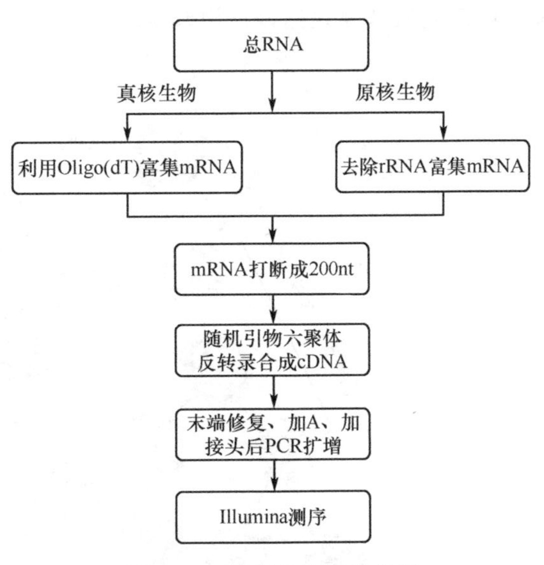

图 2.16 转录组分析流程图

了解基因组的功能,是生物学研究过程中的一个必要步骤。当前研究转录组的方法主要是测序方法和微阵列分析方法,以得到有关活性基因的功能、调控和互相依赖的信息。将高通量测序仪应用于转录组分析(RNA-Seq)能够更为详细地了解有多少基因被转录、每个基因产生了多少 RNA 变异。

此外,可将转录组分析方法应用到单个细胞的分析中,并以前所未有的精度成功分析了取自细胞胚胎和卵母细胞的单个老鼠细胞的转录组。新方法不仅对发育生物学的研究至关重要,而且也让科学家们能够在胚胎发育的早期深入研究单个细胞中全部基因表达、研究复杂组织中的细胞异质性,并在单个细胞的水平上分析疾病的发展。

Illumina/Solexa 测序技术能够在单核苷酸水平对任意物种的整体转录活动进行检测,在分析转录本的结构和表达水平的同时,还能发现未知转录本和稀有转录本,精确地识别可变剪切位点以及 cSNP(编码序列单核苷酸多态性),提供全面的转录组信息。这一方法相对于传统的芯片杂交平台,RNA 测序无需预先针对已知序列设计探针,即可对任意物种的整体转录活动进行检测,提供更精确的数字化信号,更高的检测通量以及更广泛的检测范围。

RNA-Seq 技术产生的海量数据为生物信息学带来了新的机遇和挑战,有效地对测序数据进行针对性的生物信息学处理和分析,成为 RNA-Seq 技术能否在科学探索中发挥重大作用的关键。很多 RNA-Seq 实验的目的是为了比较两种或多种样本中基因表达或整个转录组的差异,如比较癌症组织和正常组织的转录组差异等。这些差异既包括通常意义下的差异表达基因,也包括选择性剪接模式的差异、剪接异构体表达的差异、非编码转录本的差异等。这些差异一般可以用一些统计假设检验方法检测,但这种检验有时会受到测序深度、基因长度等因素的影响,需要对结果进行仔细分析,消除可能的混杂因素,必要时可以用读段的绝对表达值倍数变化(fold-change)来作为补充。

四、数字化表达谱

作为完整的生物体,我们身上的每个细胞都储存着完整的、一模一样的遗传信息,遗传信息的这种特征叫做基因的同一性。但是为什么我们身上存在着复杂多样的器官和组织?为什么肌肉细胞和神经细胞的形态与功能这么不同?为什么癌细胞能够不受控制地增长?

这一切都应从基因表达调控说起(图 2.17)。

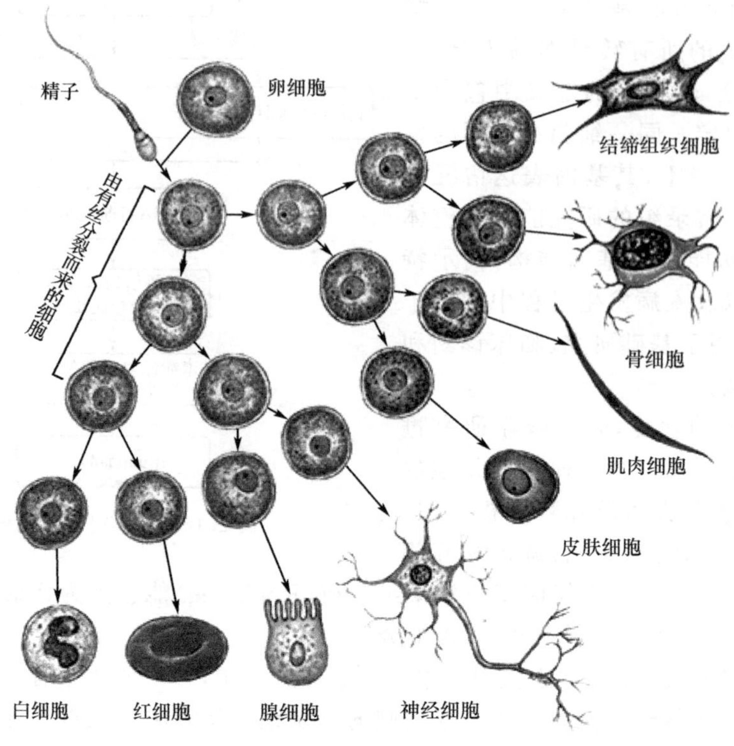

图 2.17　受精卵细胞分化的复杂多样性

由核酸构成的遗传物质决定了由蛋白质构成的生物体的形态,而这种决定是通过转录和翻译来实现的。转录和翻译这两个看似独立的过程其实拥有相同的本质:它们都是遗传信息从核苷酸向氨基酸的传递,这种传递在生物学上叫做"基因的表达"。生物体中的每一个细胞的形成和生长,都是与转录和翻译密不可分的。也就是说,生物体内部的多样性、各种组织细胞的差异性,追本溯源都能指向基因的表达。

基因表达的调控无疑是一种复杂的过程,在这个复杂的过程中基因表达调控的节点——信使 RNA(mRNA)起到了关键作用。mRNA 存在于一切拥有细胞结构的生物体内,它们像信使一样把基因组上的遗传信息传递至蛋白质序列上,从而实现生物多样性。虽然原核生物和真核生物的转录和翻译存在很大的不同,但无论是原核生物还是真核生物,mRNA 都是遗传信息的唯一传递者。因此只有被记录到 mRNA 上的遗传信息,才会被表达出来;遗传信息对应的 mRNA 数量越多、翻译频率越高,它的表达量也就越高,反之则低。通过这种方式,生物体的不同器官和组织形成了复杂多样的形态和功能。

mRNA 在基因表达的过程中起着如此重要的作用,因此对其进行深入研究已成了基因科学领域的一个重要课题。目前,科学家们研究 mRNA 的主要手段是基因表达谱(gene expression profile)。通过定性、定量地分析细胞或组织中 mRNA 群体构成得到特定细胞或组织在特定状态下的基因表达种类和丰度信息。基因表达谱能从 mRNA 水平上反映细胞和组织的特异性表型和表达模式,因此对基因表达和相关调控模式的研究起着至关重要的作用。

Sanger 测序技术的发明使科学家的观察达到碱基水平,实时定量 PCR 技术使基因表达的精确定量成为可能。由此可见,任何一个自然科学领域研究的发展都是由技术的突破推动的，mRNA研究领域也不例外。定量PCR技术在很多实验室被用于表达谱研究，但是它并不是基因层面上的方法。20世纪70年代，科学家们主要应用Northern杂交印迹法研究RNA在不同组织和细胞中的水平，这种方法是基于实验的方法，费时、耗财、并且容易出错。到了20世纪90年代初，表达序列标签(Expressed Sequence Tags，ESTs)问世，由此形成的技术路线被广泛应用于基因识别、绘制基因表达谱、寻找新基因等研究领域。1996年，生物芯片成为第一个能够用于进行大规模基因表达谱研究的技术。然而传统芯片杂交的基因表达谱研究方法并不完善。基于模拟信号的芯片杂交技术不可避免有较高的背景噪音，直接导致芯片无法对低丰度基因进行研究，而这些低丰度基因往往对生理和病理过程具有重要意义。同时，芯片又有较高的交叉杂交和信号强度偏向性(bias)，使得芯片不能够准确检测基因表达量，也无法发现新的转录本；另一方面，芯片设计、研制、推广的过程导致这种技术在时间上滞后，在生物数据快速更新的时代无法跟上科学家的需求。因此，尽管生物芯片技术方兴未艾，但接踵而来的第二代和下一代测序技术带领基因表达研究进入数字化时代，同时实现了真正意义上的全基因组表达谱研究(图2.18)。基于第二代测序技术的数字化表达谱(Digital Gene Expression，DGE)技术的出现很好地解决了芯片存在的背景信号、交叉干扰和数据更新等问题。利用高通量测序能够得到数百万个基因的特异标签，而数字化的序列信号可以准确、特异地反映对应基因的真实表达情况。这种技术甚至可以精确地检测数量低至1～2个拷贝的稀有转录本(rare transcripts)，并精确定量高达100 000个拷贝的转录本的表达量变化。由于序列无需事先设计，DGE数据具有极佳的实时性，可以充分利用当前爆发式增长的信息资源，并与未来的发展趋势相衔接。DGE可以检测到许多未曾注释的基因和基因组部位，为新基因的发现提供了良好的线索。这一技术的进步允许科学家更加全面、准确地把握全基因组的基因表达情况。

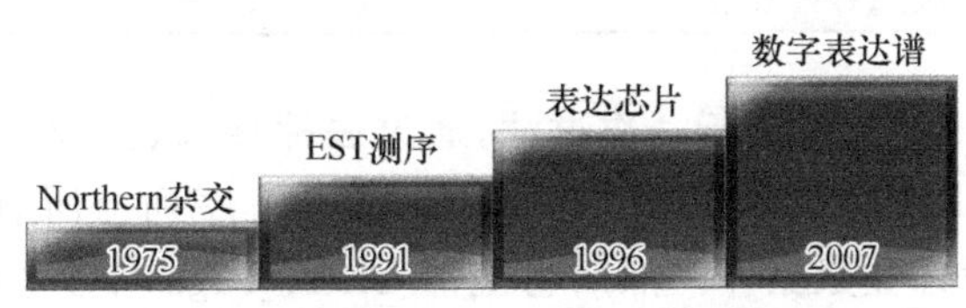

图2.18 基因表达谱研究方法的进展

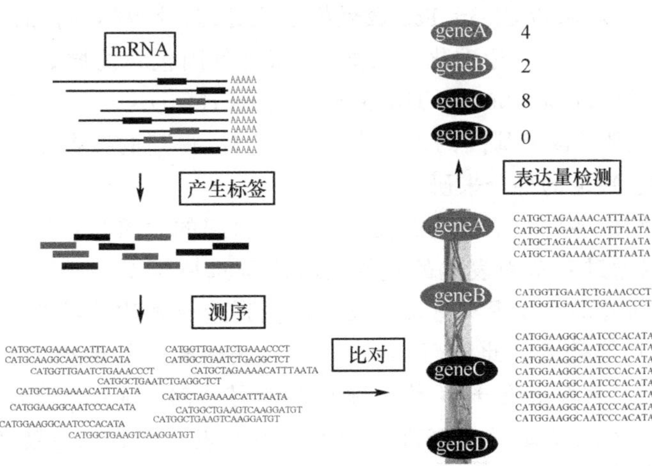

图2.19 DGE的基本原理

DGE实现对生物体基因表达的注释的基本原理如图2.19所示。首先，将mRNA富集，通过处理，获得数以百万计的标签(Tags)；接下来，利用第二代或者是下一代的测序技术测序得到标签的序列，即A、G、C、T(U)4种碱基的排列方式。通过序列比对，在基因上找到相同或近似的碱基排列方式，将标签对应到一个个的基因上去，最后通过对每一个基因所对应标签的计数，得到了数字化的基因表达量。这也是这种方法被称为数字化基因表达谱的原因。

DGE在对mRNA处理过程中，数以万计的标签又是如何得到的呢？以磁珠法反转录mRNA为例。在提取到生物体样本的总RNA后，根据碱基互补配对原则，利用一种特殊的、非常微小的磁珠吸附并纯化总RNA中的mRNA，引导它们进行反转录，合成双链cDNA，然后将得到的cDNA用一种限制性内切酶(特定位置切割核酸链的酶，见图2.19)处理，这种酶专门识别并切断cDNA上的CATG(或GATC)位点(表2.2)，这样就可以通过磁珠沉淀来得到带有cDNA3′端的片段，并将其另一端(5′末端)连接上特制的接头1(接头是一小段人工合成的序列，起识别作用)，接头1与CATG(或GATC)位点的结合处是另一种内切酶的识别位点，这种内切酶可以在CATG位点下游17个碱基的地方进行切割，这样就产生了带有接头1的、长度为21个碱基的标签。通过磁珠沉淀去除3′片段后，将得到的标签的3′末端连接接头2，从而获得两端连有不同的接头序列、长度为21个碱基的标签文库。

表2.2　样品制备中可能选用的几种内切酶以及它们在cDNA上的识别位点

内切酶	NlaⅢ	DpnⅡ	MmeⅠ
识别位点	5′...CATG▼...3′ 3′...▲GTAC...5′	5′...▼GATC...3′ 3′..CTAG▲...5′	5′...TCCRAC(N)$_{20}$▼...3′ 3′...AGGYTG(N)$_{18}$▲...5′

得到数以百万计的标签后，进行一次过滤，通过去掉接头、去掉低质量标签等手段筛选出“干净的标签(Clean Tags)”。再利用软件检索mRNA序列上所有的CATG位点，生成CATG+17碱基的参考标签数据库。然后将全部Clean Tags与参考标签数据库比对，对其中只能比对到一个基因上的标签(Unambiguous Tags)进行基因注释，统计出每个基因对应的原始Clean Tag数，对原始Clean Tag数做标准化处理，获得标准化的基因表达量，准确、科学地衡量基因的表达水平。标准化方法如下：每个基因包含的原始Clean Tags数/该样本中总Clean Tags数×1 000 000('t Hoen, et al. 2008; Morrissy, et al. 2009)。

这样，我们就得到了各个基因的表达水平，但此时，得到的数据量是相当大的，如何在众多的基因中找到感兴趣的部分来研究呢？

生物细胞和组织的多样性是由基因表达的差异引起的。因此，对于来自同一生物体不同组织的样品，可以通过对基因表达的差异比较来筛选所需要的基因进行研究。实际上，这也是基因表达谱研究的主要现实意义。只有在找到造成表达差异的基因之后，才能对其进行深入的结构和功能研究。此外，可以通过基因表达模式的聚类分析、基因本体(Gene Ontology，GO)功能显著性富集分析、代谢途径和信号通路(Pathway)显著性富集分析、蛋白质相互作用网络分析等高级分析来进一步了解差异表达基因在生物体中的分子功能以及在细胞中的位置等相关信息(图2.20)。

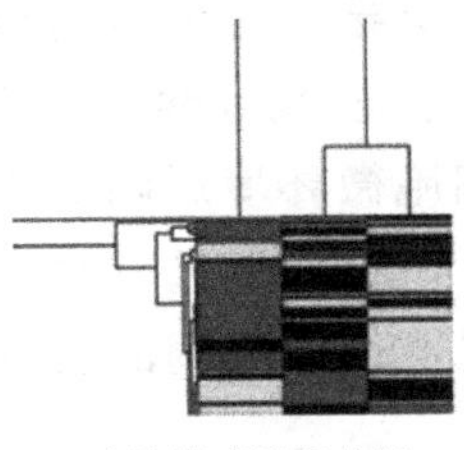

表达模式聚类分析

Terms from the Process Ontology with p-value as good or better than 0.05			
Gene Ontology term	Cluster frequency	Genome frequency of use	Corrected P-value
immune response view genes	82 out of 807 genes, 10.2%	663 out of 13525 genes,4.9%	2.74e-07
immune system process view genes	100 out of 807 genes, 12.4%	921 out of 13525 genes,6.8%	3.77e-06
response to virus view genes	21 out of 807 genes, 2.6%	105 out of 13525 genes,0.8%	0.00138
regulation of apoptosis view genes	63 out of 807 genes. 7.8%	583 out of 1325 genes.4.3%	0.00508

GO功能显著性富集分析

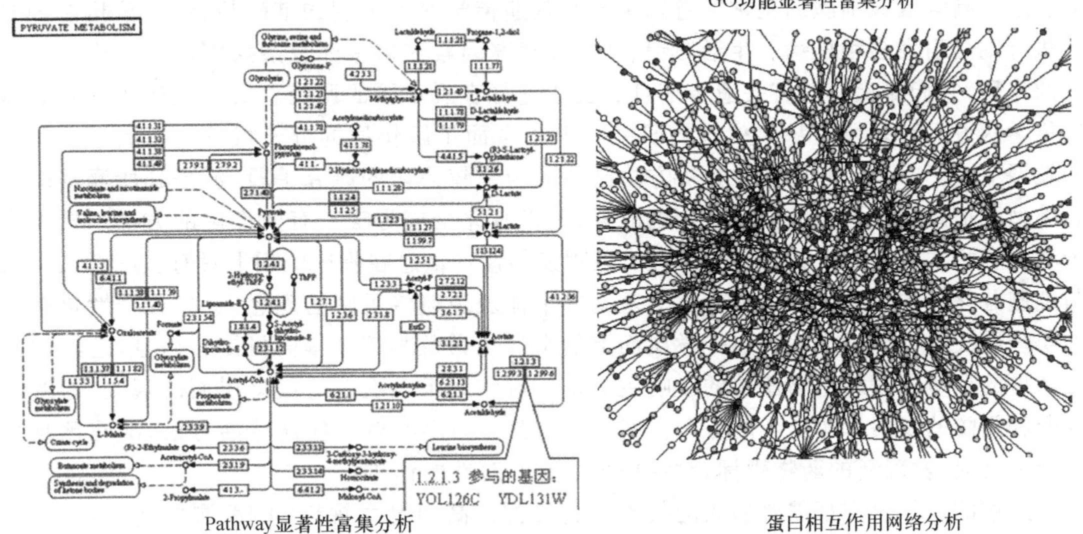

Pathway显著性富集分析

蛋白相互作用网络分析

图 2.20 差异表达基因高级功能分析示意图

DGE 作为最新的表达谱分析方法，具有数字化信号、高通量、可重复性高、无需重复实验的优势，同时，它还可以检测低表达的基因、发现新转录本、注释反义链转录本，因此，DGE 在基因表达相关研究中已经体现出强大的生命力，具有广泛的应用前景。

五、表观遗传学

随着基因组学研究的深入，人们逐渐注意到那些非 DNA 序列变化的染色质修饰，扩大了生物遗传信息的范畴。表观基因组学正是在“组学”范畴内针对非 DNA 序列变化的修饰信息的研究，包括 DNA 甲基化谱、组蛋白修饰谱和非编码 RNA 的研究（Goldberg，et al. 2007）。

在生物发育过程中，一个基因组可以衍生出许多不同类型的表观基因组，并且表观遗传信息使得具有不同表型的细胞可以传递给后代。在真核细胞的正常发育中，DNA 甲基化谱和染色质状态受精密的时空特异性调控（Surani，et al. 2007）。目前，表观遗传在发育过程中的作用是被肯定的，即在细胞水平，环境诱导的表观遗传标记能够在后代中传递（Duranthon，et al. 2008）。然而，尽管人们已经确认表观修饰对生物表型的影响是存在并且重要的，但是对于表观遗传修饰对生物进化的作用这个科学问题一直存在着争论。经典遗传学认为遗传变异早在生存环境改变之前就存在了，环境只是起到了一个选择的作用（Pollinger，et al. 2005）。但是表观遗传学对这一看法提出了挑战，认为生存环境的改变诱导了生物的适应性发生改变。对细菌和单细胞生物的研究显示出遗传变异不完全是随机的，在生存环境的压力下，新产生的突变与引起突变的环境条件相适应，并进一步产生DNA变化，适应条件的DNA变化被稳定并遗传下来，基因组的进化受到了细胞微环境影响而改变。表观遗传学认为遗传不仅仅局限于DNA的碱基排列信息，也通过细胞分裂进行表观遗传信息传递。在生物进化过程中，经典遗传学支持的基因突变和表观遗传学强调的表观遗传修饰，二者之间的关系和作用机制期待进一步的发现。

DNA甲基化、组蛋白的修饰和染色质结构之间存在着密切联系，并由此调控有关基因的表达。高等真核细胞的正常发育取决于表观遗传学调控机制的准确执行，而该机制的错误执行则会引发多种疾病。生活习惯、环境和营养因素在多基因复杂疾病的发生中有着重要的作用，它们对疾病的有关遗传信息的表达进行表观水平的调控。所以从遗传学和表观遗传学两方面对复杂多基因疾病的研究有助于全面了解疾病的分子机制。在医学遗传学的发展上，基于SNP的关联性分析方法已经成为比较公认的研究手段，但是其所涵盖的信息类型和信息量在诊断等临床应用的时候，并没有完全成为唯一有效准确的方法。然而作为和疾病相关的SNP位点的补充信息，表观遗传修饰信息在临床应用上具有实际意义。以与细胞分化相关的差异性基因表达为基础的个体表观遗传机制的理念，意味着个性化医学的实现取决于准确把握表观遗传学层面上的个性化谱及其信号编码机制。而且，已经被广泛认可的环境因素对生物遗传的影响主要是其对作用于表观遗传信息层面的观点，为医学诊断和预防的发展指明了新的方向。我们渴望找到更多有效的疾病诊断方法，准确预测个体药物反应，发现新的药物靶标，对疾病采取有针对性的预防。

上述的任何研究都需要强大的技术平台支撑。高通量大规模DNA测序技术，已经成为基因组学和转录组学的主要研究手段。而新一代高通量DNA测序技术的出现，为表观基因组学的研究提供了条件。基于高通量DNA测序技术平台，整合相关的成熟分子生物学实验，可以绘制出各种表观修饰信息的基因组图谱。目前的表观基因组项目的工作通常分为三步，首先富集发生表观修饰的DNA片段，然后对富集的DNA片段文库进行DNA测序，最终通过生物信息学方法将测序片段定位到参考基因组序列上，从而为进一步的科学研究提供表观基因组参考图谱。所以，我们必须针对当前表观基因组学研究方法的缺点，依托高通量测序平台，发展并优化专门用于表观基因组研究的实验技术和生物信息学技术。

目前，已发展并优化了以下的表观基因组技术：

（1）全基因组亚硫酸氢盐（Bisulfite）处理测序技术，绘制全基因组范围的单碱基分辨率的DNA甲基化水平图谱。

获得全基因组范围内定性定量所有C位点的甲基化水平数据，对于表观遗传学的时空特异性研究具有重要意义。因此，针对采用Sanger测序法在Bisulfite处理测序中的缺点，采用新一代测序技术的Solexa测序平台，发展全基因组Bisulfite处理测序技术和生物信息数据分析技术，实现了低成本、高效率、高准确度地绘制全基因组DNA甲基化水平图谱。

Bisulfite处理测序技术是对DNA甲基化分析的黄金标准（Frommer，et al. 1992）。其过程是：首先对DNA进行Bisulfite处理，使DNA中未发生甲基化的胞嘧啶（C）脱氨基转变为尿嘧啶（U），而DNA中发生甲基化的胞嘧啶保持不变，PCR扩增所需的片段，则U全部变为胸腺嘧啶（T），最后，对PCR产物进行测序并且与未经处理的序列比较，判断是否C位点发生甲基化（图2.21）。此方法是一种可靠性和准确度很高的方法，能明确目的片段中每一个C位点的甲基化状态。

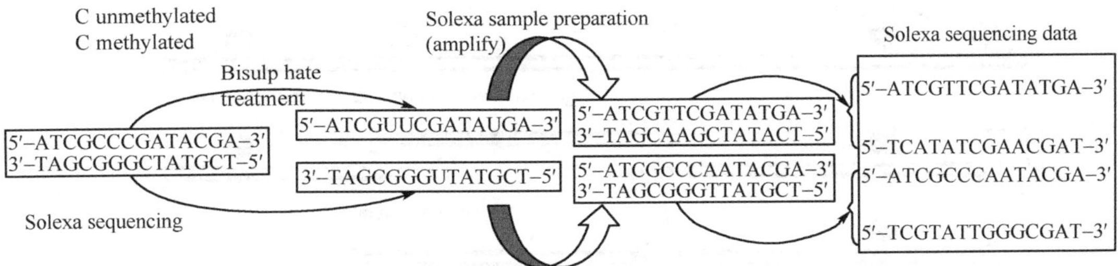

图 2.21　Bisulfite 处理测序技术原理示意图

因为全基因组 Bisulfite 处理测序的工作量相当于一个物种或个体的全基因组重测序，所以测序成本是该方法的关键瓶颈。基于 Solexa 测序平台的高通量和低成本优势，我们可以通过 Bisulfite 处理测序方法获得全基因组范围的 DNA 甲基化水平图谱。

其次，基于 Sanger 测序平台的 Bisulfite 处理测序方法在分析局部区域的 DNA 甲基化水平时，需要做 PCR 扩增，也就是说需要设计扩增引物，所以如果在全基因组范围内获取 DNA 甲基化水平信息，将需要极其大量的扩增引物设计和 PCR 扩增工作。基于 Solexa 测序平台的 Bisulfite 处理测序技术路线则避免了这个问题。Solexa 测序技术仅仅需要在打断的 DNA 片段两端连接上测序引物即可上机测序，而该引物同时也作为 DNA 样品的扩增引物，其作用就相当于为 DNA 样品加入了任意扩增引物，避免了繁琐的扩增引物设计工作。

(2) DNA 甲基化分析酶切测序技术和生物信息分析流程的建立：DNA 甲基化分析酶切测序方法不同于 Bisulfite 处理测序方法，它不以得到全基因组甲基化水平信息为目标，而只是希望得到发生甲基化或没有发生甲基化的 DNA 片段在基因组上的位置信息，是目前常用的 DNA 甲基化分析方法，该方法的优点是相对简单，成本低廉。其原理是分别对甲基化敏感性限制性内切酶和 McrBC 得到的 DNA 片段进行测序，随后采用生物信息学方法，构建适当的算法和分析策略，将得到的 DNA 片段定位到全基因组参考序列上，从而得到全基因组范围内的 DNA 甲基化片段坐标图谱和 DNA 非甲基化片段坐标图谱(图 2.22)(Hu，et al. 2006；Li，et al. 2009)。

不同的甲基化敏感性限制性内切酶的识别序列不同，而不同的物种中各种识别序列的分布也不同，因此必须优化甲基化敏感性限制性内切酶和 McrBC 混合条件，尤其是对甲基化敏感性限制性内切酶的选择与组合。对所有甲基化敏感性限制性内切酶进行酶切位点模拟，针对不同的物种提供可选的最优的内切酶组合方式，可以尽可能完整准确地保留发生甲基化的基因组 DNA 序列片段。

DNA 甲基化分析酶切测序技术的基本思想，是通过酶切方法得到 DNA 甲基化片段或 DNA 非甲基化片段，然后对 DNA 片段的端点进行测序，最终通过将测序数据定位到全基因组参考序列的方法获得 DNA 甲基化片段或 DNA 非甲基化片段在基因组上的位置分布信息。

(3) 针对 DNA 甲基化问题，通过富集甲基化片段后进行测序的方法：MeDIP-Seq 和 MBD-Seq。

MeDIP-Seq 和 MBD-Seq 的原理基本相同，都是通过用特定的抗体蛋白将发生甲基化的 DNA 片段进行特异性富集，然后对富集的 DNA 文库进行测序的方法。由于抗体免疫沉

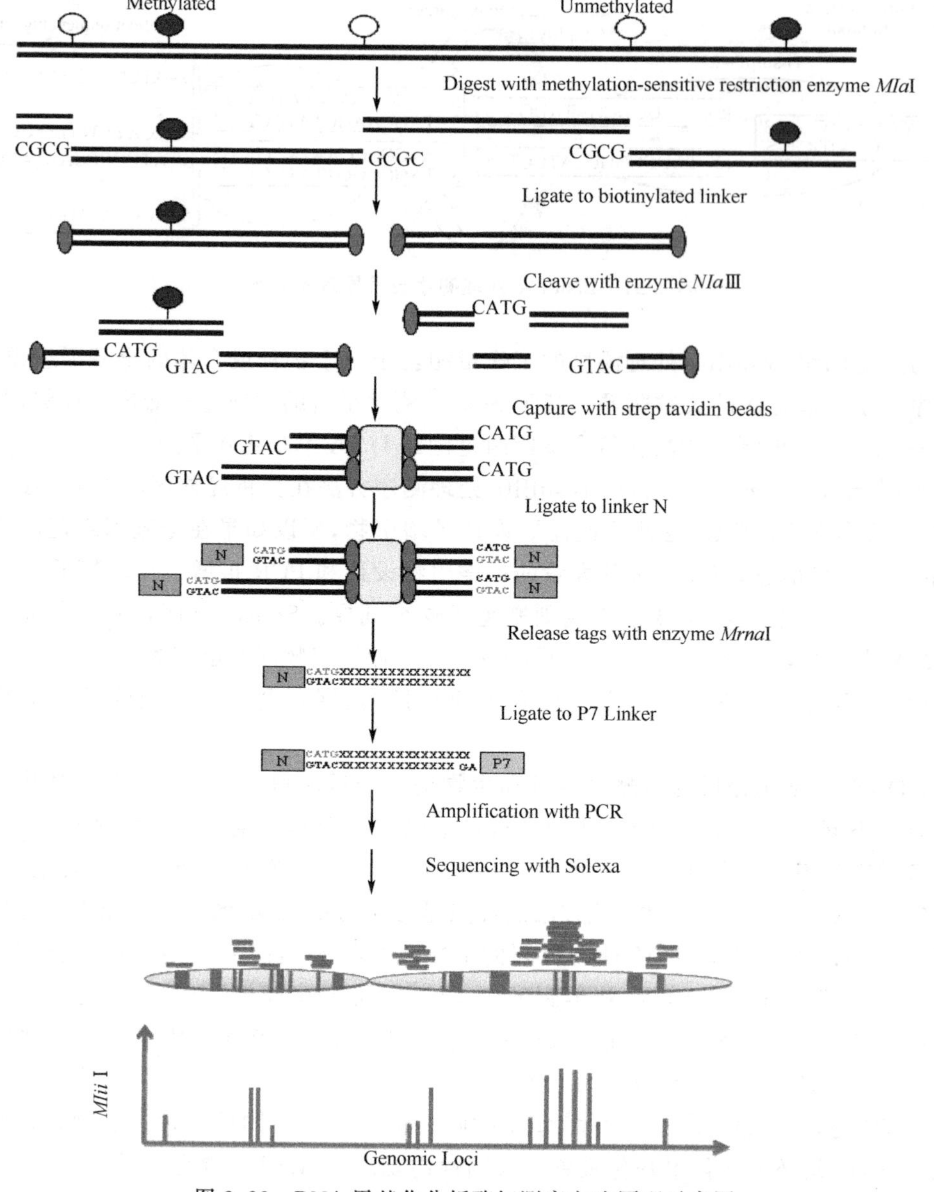

图 2.22 DNA 甲基化分析酶切测序方法原理示意图

淀反应的实验室条件等因素影响,各个实验室采用不同的试剂盒,以及尝试不同的处理时间,都会对结果产生一定的影响。但是,从理论上讲,MBD 只能富集发生甲基化的 CpG 的区域,MeDIP 方法可以富集发生甲基化的任意的 C,不仅仅局限于 CpG 这个特定的类型。

(4) 针对组蛋白修饰以及核小体定位信息的 ChIP-Seq 技术:利用 ChIP-Seq(Chromatin ImmunoPrecipitation Sequencing,染色质免疫沉淀测序)的方法,第一个人类高分辨率组蛋白修饰图谱在 2007 年绘制完成(Barski,et al. 2007)。ChIP-Seq 技术是通过特异性抗体将目标区域富集后进行测序(图 2.23)。在 2007 年,Barski 等人对组蛋白修饰的 H3K4me3、H3K4me2、H3K4me1、H3K27me3、H3K27me1、H3K36me3、H3K79me3、H3K9me1、H4K20me1、H2BK5me1 和 H2A.Z 进行了全基因组的绘制分析。

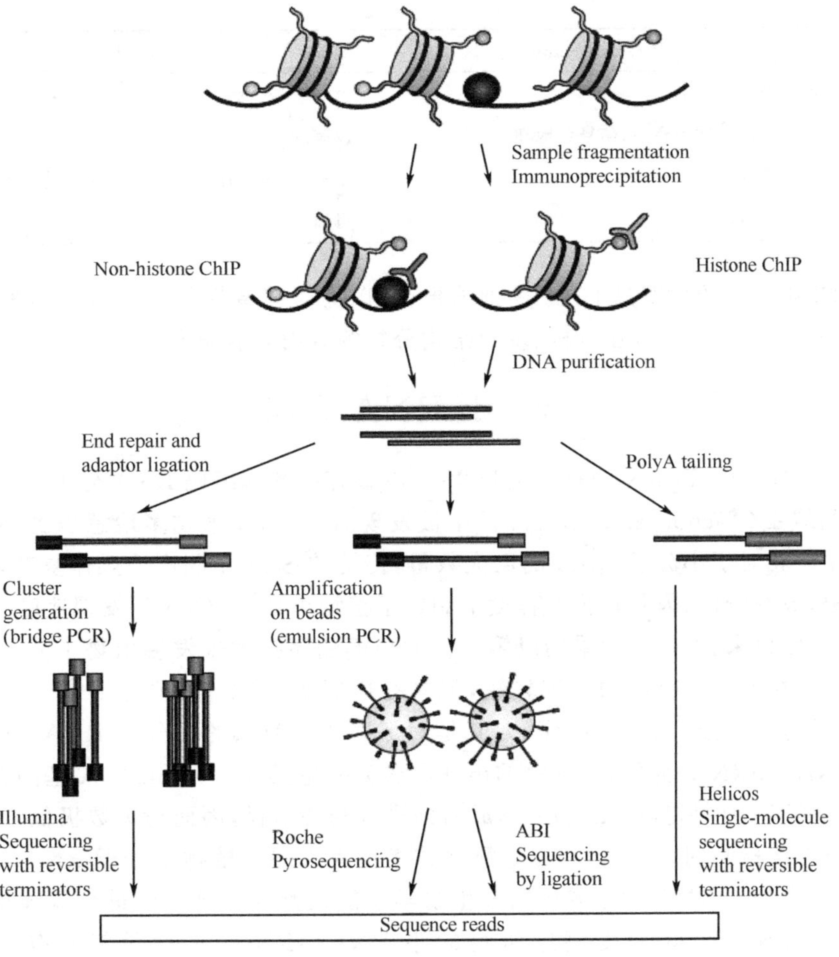

图 2.23 ChIP-Seq 工作原理图

核小体定位(nucleosome map)也可以通过 ChIP-Seq 的方法进行鉴定。2004 年 Lee 等人发现,在酵母 Saccharomyces *cerevisiae* 中,激活的启动子区域的核小体发生消退(Lee, et al. 2004)。他们通过高通量数据的进一步分析,鉴定了 70 000 多个核小体的定位信息。

在过去,将 microarray 技术和 ChIP 技术进行整合,发展了 ChIP-chip 技术。而随着新一代测序仪的产生,ChIP-Seq 技术已经体现出 ChIP-chip 技术不可比拟的优越性。Park 在 2009 年对 ChIP-Seq 和 ChIP-chip 的技术进行了详细的比较,详见表 2.3(Park 2009)。

表 2.3 ChIP-Seq 和 ChIP-chip 的技术的详细比较

	ChIP-chip	ChIP-Seq
最高分辨率	根据具体芯片各异,通常 30～100bp	每一个碱基,即 1bp
覆盖范围	由于芯片容量限制,无法获得全部基因组的信息	仅仅受到能够定位到基因组的 reads 数据量影响,获得全部基因组的信息
固有缺陷	探针和非特异性区域的杂交	测序数据会有一些 GC 含量偏向
性价比	只能有选择地扫描特定区域,无法覆盖全基因组;只能研究在基因组上广泛存在的目的位点(broad binding)	可以扫描全基因组;可以研究在基因组上稀有存在的目的位点(sharp binding)

	ChIP-chip	ChIP-Seq
需要的 DNA 量	高(若干 μg)	低(10～50ng)
动态量程	弱信号被丢弃;强信号会饱和	没有局限
扩增	需要	不需要;单链样品不需要变为双链(MeDIP)
选择数据产出量	不可以	可以

由于 ChIP-Seq 的数据是 DNA 序列结果,可以为研究者提供进一步分析挖掘的空间,如图 2.23 所示,可以在 motif 分析、基因结构分析等方面开展研究。

六、小 RNA 分析

小分子 RNA(small RNA)是一类长 20～30 核苷酸的非编码 RNA 分子。自从 1993 年首次在秀丽线虫(Caenorhadits *elegans*)中被发现后,人们越来越多地意识到小分子 RNA 的重要作用。相对于小分子 RNA 的巨大数量,传统的 Sanger 测序法操作复杂,花费大,测序深度有限,效率较低,因此在很大程度上制约了植物小分子 RNA 的发现速度。

自 2005 年以来,人们开始采用以第二代大规模测序技术来发掘植物小分子 RNA。这些第二代测序技术尽管获得的序列较短,但具有速度快、成本低、覆盖度深、产出巨大等优点,因此非常适合小分子 RNA 测序,尤其是对那些拷贝数低的小分子 RNA。以最早发现的 microRNA(miRNA)为例,互补链的出现已成为衡量其是否为 miRNA 基因的充分必要条件。而 miRNA 互补链在 miRNA 形成后即进入降解途径,因而拷贝数极低,利用传统测序技术一般无法检测到。因此,高通量测序技术可大大促进植物小分子 RNA 基因的发现过程,为研究小分子 RNA 的合成机制和生物学功能及其在物种间的进化规律提供大量信息,Illumina HiSeq 2000 深度测序所得的小 RNA(sRNA)几乎涵盖所有 RNA,包括 miRNA、siRNA、piRNA、rRNA、tRNA、snRNA、snoRNA、repeat associate sRNA、exon 或 intron 降解片段等(Mattick 2009)。通过与已知数据库进行比对、寻找样品与数据库之间在基因组位置上的 overlap 等,对 sRNA 进行注释,同时选取没有被注释上的 sRNA,使用 Mireap 软件预测 novel miRNA。

小分子 RNA 是生物体内一类重要的特殊分子,其功能包括诱导基因沉默,参与细胞生长、发育、基因转录和翻译等诸多生命活动的调控过程。基于 Illumina HiSeq 2000 高通量测序技术的小 RNA 数字化分析,采用边合成边测序,可减少因二级结构造成的一段区域的缺失,并具有所需样品量少、高通量、高精确性、拥有简单易操作的自动化平台和功能强大等特点。一次性获得数百万条小分子 RNA 序列,能够快速全面地鉴定该物种在该状态下的小分子 RNA 并发现新的小分子 RNA,构建样品之间的小分子 RNA 差异表达谱,为小分子 RNA 功能研究提供有力工具。其实验流程见图 2.24。

Illumina HiSeq 2000 测序所得序列,通过去接头、去低质量、去污染等过程完成数据处理得到干净序列,对其进行序列长度分布的统计及样品间公共序列统计。将清理后的干净序列分类注释,可以获得样品中包含的各组分及表达量信息。将所有小 RNA 片段注释后,用剩下的未注释片段来进行:①novel miRNA 的预测;②已知 miRNA 的碱基编辑预测。

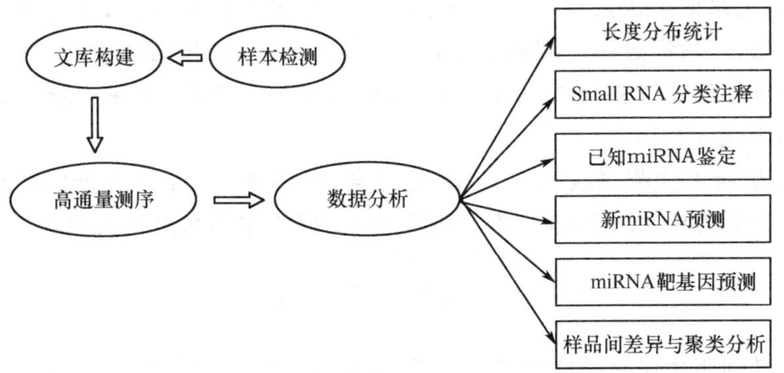

图 2.24　小 RNA 测序流程

七、调　控　组

自从人基因组序列被公布以来，人们的注意力开始转移到对功能基因元件的注释和分析上。研究基因调控元件如启动子、增强子，局部调控区等在基因组上的位置（图 2.25），以及它们对基因编码区的作用将有助于更好地理解转录调控网络的机制（图 2.26）。核小体定位与 DNA 和组蛋白的动态修饰相结合，对基因调控和细胞发育和分化起着关键性作用。

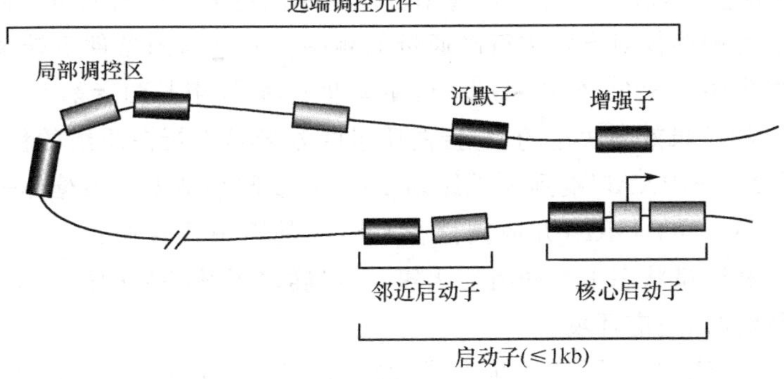

图 2.25　基因调控元件的组成

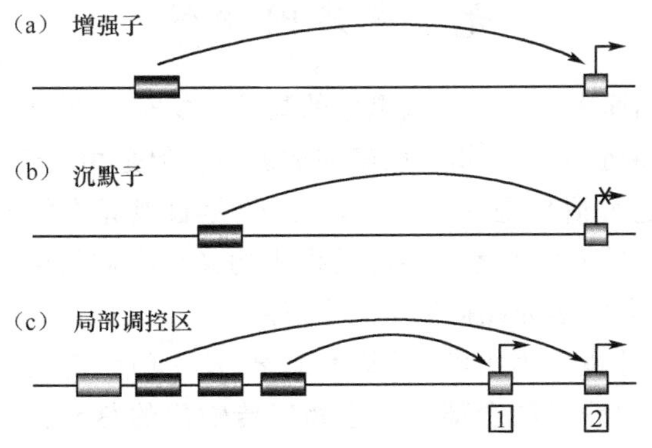

图 2.26　基因调控元件的调控机制

前文提到过染色质免疫共沉淀（ChIP）是体外研究蛋白质-DNA 相互作用使用最广泛

的方法,也可以用来研究组蛋白修饰和核小体。染色质上的蛋白质-DNA 作用通过甲醛处理使之共价交联,之后经过超声波随机打断,成为几百个 bp 长的片段,这些片段中的特定区域通过特定抗体的选择被免疫沉淀下来,然后经过反向交联、洗脱、纯化,就能够用于新一代测序技术研究(ChIP-Seq)。

ChIP-Seq 是新一代测序技术与 ChIP 的结合,为各种 DNA 结合蛋白的结合区域研究提供了高分辨率的方法,使核糖体定位、组蛋白修饰研究中的精度大大提高。

八、翻　译　组

蛋白质组是细胞生命活动的最终决定者,细胞中所有蛋白质的集合称为蛋白质组。通过以上章节我们知道,“第二代测序技术”由于具有“重测序”的技术特点——读长短、超高通量和很好的性价比,使得对基因组功能的研究(翻译之前),包括从染色体的结构及变化(表观遗传学)、基因组表达的调控(DNA 蛋白质互作,DNA-DNA 相互作用)和转录实现组学化及单碱基精度。转录组的翻译过程是基因组表达的最后一步,它直接决定着细胞的蛋白质组。Ingolian 等通过应用“第二代测序”技术对正在核糖体上翻译的(结合着)mRNA 区域的高通量测序,实现了从单碱基水平、亚密码子的水平对翻译组研究,并为蛋白质组学的研究提供了一个互补的手段。

Ingolian 方法非常简单。首先用核酶处理的方法富集出芽酵母细胞内所有正在翻译 mRNA 的核糖体保护区域(~35bp),接着用特殊文库制备的方法对其进行测序用的公用接头两端连接,最后用测序仪对产物进行高通量的测序。通过与同条件下转录组和蛋白质的比较(分析集主要集中于 5295 个基因)发现:在丰度上,翻译组与两者都不一致,与转录组差别由不同 mRNA 的转录效率决定的,与蛋白质组的差异是由蛋白质组的稳定性决定的;核糖体存在富集程度从 mRNA5′端到 3′端逐渐变小,并引起小基因上核糖体平均密度高的现象;在 5′UTR,除 u(AUG)ORF(开放阅读框)外,在基因中还普遍存在非 AUG 的调节区域;最后对高淀粉和饥饿状态下翻译组的比较,不仅确定了其各自的翻译组,还表明出芽酵母中广泛的翻译调控以适应环境。

通过以上可以知道,“翻译组”学实现了“测序技术”与蛋白质组学之间的对接,其研究有着很好的前景。

九、宏基因组学

目前,在 NCBI 数据库中的已经完成测序的真核生物有 40 多种,相比之下,由于原核生物基因组很小,所以有将近 1000 个物种已经完成测序。但是相比于原核生物的在自然界中无法统计的数目来说,这恐怕只是九牛一毛,且这只是自然界中能在实验室中培养分离的微生物,那么对于那些不能在实验室中培养的微生物又和我们的生活息息相关的微生物怎么样进行研究呢?宏基因组学为此提供了一个思路。

宏基因组学又称为环境基因组学、元基因组学,是一门研究宏基因组的学科。所谓宏基因组是指直接从环境中获得的全部微小生物遗传物质的总和。传统的微生物学是基于能够在实验室进行培养并能把某一单个菌株分离纯化之后进行分析,而宏基因组中包含了可培养的和不可培养的微生物,目前主要是环境中的细菌、真菌和病毒等基因组的总和。

宏基因组学这一概念最早是在 1998 年由威斯康星大学植物病理学部门的 Jo Handelsman 等提出的，是源于将来自环境中基因集可以在某种程度上当成一个单个基因组研究分析的想法，而宏的英文是“meta-”，具有更高层组织结构和动态变化的含义。后来加州大学伯克利分校的研究人员 Kevin Chen 和 Lior Pachter 将宏基因组定义为“应用现代基因组学技术直接研究自然状态下的微生物有机群落，而不需要在实验室中分离单一的菌株”的科学。

随着新一代测序技术的迅猛发展，研究宏基因组的方法也已经发生了翻天覆地的变化。传统的方法是测定微生物基因组上的 16S rRNA 基因。这些基因的长度通常在 1500 个碱基左右，广泛分布于原核生物，具有相对缓慢的进化过程；其保守性与特异性并存，通过保守区和特异区来区别微生物的种属。基于这些特性，科学家们通过选择这些基因区域，方便地研究环境中物种的组成多样性，但是还不能全面分析环境中的基因功能。而现在，新一代高通量低成本测序技术的广泛应用，科学家们可以对环境中的全基因组进行测序，在获得海量的数据后，全面地分析微生物群落结构以及基因功能组成等。目前遇到的问题是：样品的提取方法还有待改进，生物信息分析依赖于样品的复杂度。

短短几年来，宏基因组学的研究已经渗透到各个领域，从海洋到陆地，再到空气，从白蚁到小鼠，再到人体，从发酵工艺到生物能源，再到环境治理等。

十、DNA 鉴定

(一) 法医鉴定

1985 年英国 Lieister 大学遗传系 A. J. Jeffreys 教授发现并建立了 DNA 指纹图的检验方法，并于当年成功地鉴定了一宗英国移民纠纷案件。从此，法医 DNA 分析技术受到科学家关注并得到迅速发展，现广泛地运用于刑事犯罪侦查和亲权纠纷的解决，在多数国家已被用于法庭取证。

每个生命体的 DNA 具有较高的特异性、稳定性和遗传性，同一个体不同的组织细胞含有相同的 DNA，因此，可通过法医 DNA 分析技术对比分析犯罪嫌疑人的血液与犯罪现场发现的精斑、毛发等生物物质的 DNA，以进行同一认定的鉴定。

STR 即短串联重复序列（Short Tandem Repeat），是一类广泛存在于真核生物基因组中的 DNA 串联重复序列。其核心序列为 2～6bp，重复次数通常在 5～40 次之间。STR 的结构特点使之易于用 PCR 扩增，近年来复合扩增技术、荧光标记技术和自动化测序仪的成熟发展，使得 STR 检测的灵敏度和个体识别率不断提高，为微量的生物学物证的个体认定奠定了技术基础。由此 STR 成为目前法医遗传学领域应用最为广泛的一类遗传标记。

迄今为止，法医 DNA 分析技术可成熟地为下列案件提供证据：①强奸及强奸杀人案件；②凶杀案现场生物检材鉴定；③碎尸案的同一认定；④连续犯罪的并案检验；⑤亲子鉴定以及性别鉴定等。

(二) DNA 考古

古 DNA（ancient DNA）是指从已经死亡的生物遗体和遗迹中得到的 DNA。对古 DNA 的研究可以得到某些已经灭绝生物的宝贵资料，通过与现代生物相应 DNA 的比较，不仅可从序列上确定古代材料的系统位置、有效补充利用现代 DNA 建立起来的谱系，还能用所得到的古 DNA 信息来鉴别和确定祖先性状，从而提高谱系的精度。古 DNA 的分析是研究生物进化直接、可靠的依据，现多数研究工作集中在生物的分子系统进化、分子水平的种群遗传学与谱系地理学研究、分子进化速率、人类的起源和进化、动植物的家养驯化过程等方面，为探究生命的进化路线、进化机制提供了大量的数据支持。

古 DNA 研究的技术关键是 DNA 分子的提取、纯化及可能的修复与扩增。因为样品的年代久远、保存环境各异，其中的 DNA 分子易于降解与变性，严重阻碍了古 DNA 研究工作的发展。新一代高通量测序技术可基于痕量的 DNA 材料进行研究，通过高效的通量产出以提供样品的分析准确度，由此为古 DNA 的研究发展起到重要的推动作用。

（三）产前诊断

每 1000 名新生儿中约有 9 个会出现染色体异常的情况。为此，产前筛查与诊断是妇产科保健的重要部分。传统产前诊断方法一般采用羊膜腔穿刺、绒毛膜取样和脐静脉穿刺等，它们具有创伤性，有发生感染、出血甚至流产、死胎的可能。为此很长一段时间以来，人们致力于利用孕妇外周血中存在的胎儿细胞进行无创产前诊断，但由于母体外周血中含有的胎儿有核细胞极少，每毫升血中仅有 1～2 个，其临床应用由于分离、富集方法繁琐复杂、价格昂贵等因素受到很大限制。

孕妇外周血中胎儿游离 DNA(Lo，et al. 1997)的发现为无创性产前诊断带来了新的希望。胎儿游离 DNA 含量相对高，提取及分析过程简单。随着新一代测序技术的迅猛发展，用高通量测序技术检测胎儿 DNA 进行产前诊断已取得成功。此外，近年来一些科研工作者也开发了一些检测母体血液中胎儿有核红细胞及游离 DNA 甲基化水平的技术。

第三节　序列的组装和解读：生物信息学

一、基因组测序的策略

经过 30 多年的发展，最初的基因组测序方法已经得到了长足的改进。目前，经典的基因组测序策略主要分为两类，即逐步克隆法(Clone by Clone)和全基因组“霰弹”法(Whole Genome Shot-gun)。如果说每个物种的基因组是“上帝之手”绘制的一幅精美宏图，那么基因组测序就像一场声势浩大的拼图游戏；逐步克隆法好似将整幅大拼图分为若干小部分，先拼每个小图，再将所有小图拼成一整幅大图；而全基因组“霰弹”法则是开始便将“图”随机打碎成小图片，然后直接拼成一整幅大图。逐步克隆法和全基因组“霰弹”法的测序原理如图 2.27 所示。

（一）逐步克隆法

逐步克隆法需要依赖于遗传图谱和物理图谱。首先是将构建好的 BAC 文库的每个克隆通过 FISH 杂交技术定位到染色体具体位置，或是利用一些短的坐标序列(STS)，将不同克隆之间的线性关系定位准确。许多基因组上的坐标(如基因序列、重复元件等)都可以用来定位含有特定序列的片断在基因组上的位置；而后测定出定位回去的每个克隆的序列，通过简单的组装工作完成全基因组测序。该方法曾经被用于“人类基因组计划”，在一些基因组测定过程中也部分采用了该方法。逐步克隆法的优点是准确、可靠，由于全基因组遗传图谱和物理图谱的构建不仅非常困难，而且耗时耗力，有明显的局限性。

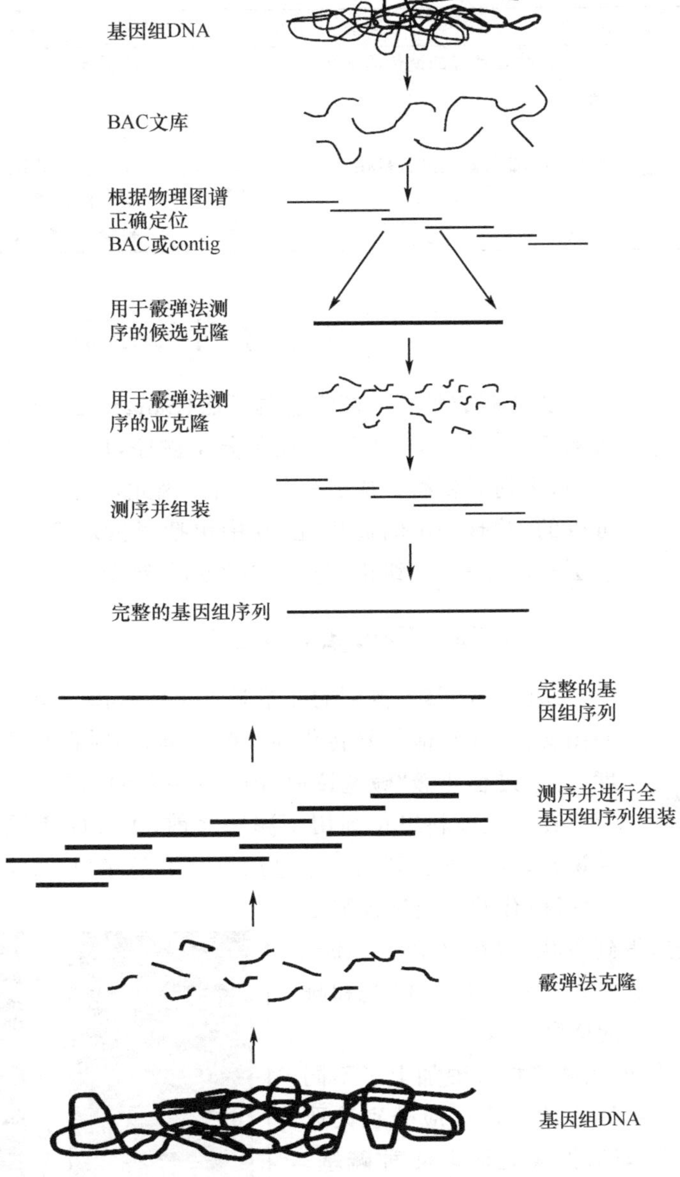

图 2.27 逐步克隆法和全基因组"霰弹"法的测序原理

(二) 全基因组"霰弹"法

全基因组"霰弹"法测序,也称全基因组鸟枪法测序(Whole Genome Shotgun Sequencing),其基本原理是直接将全部基因组 DNA 打成小片段进行随机测序,然后再利用高性能的计算机将这些小的片段拼接起来,重新组装成一个完整的基因组,省去了制作物理图谱的繁杂过程。具有经济、快速、高效的优点,但对拼接方法和高性能计算设备要求非常高。20 世纪 90 年代早期,关于全基因组"霰弹"法的可行性存在很大争议。目前,全基因组"霰弹"法测序已逐渐成为基因组测序的主导策略,由中国科学家主导完成的水稻、家蚕等多个重要基因组均采用了该策略,并已开发出一套高效的拼接方法和流程,在国际上具有领先地位(表 2.4)。

表 2.4　两种大规模基因组测序策略的比较

项目	逐步克隆法	全基因组“霰弹”法
遗传背景	需要(需构建精确的遗传图谱和物理图谱)	不需要
速度	慢	快
费用	高	低
计算机性能	低(以 BAC 为单位进行拼接)	高(以全基因组为单位进行拼接)
适用范围	精细图	工作框架图
代表测序物种	线虫、人	果蝇、水稻、家蚕、大熊猫

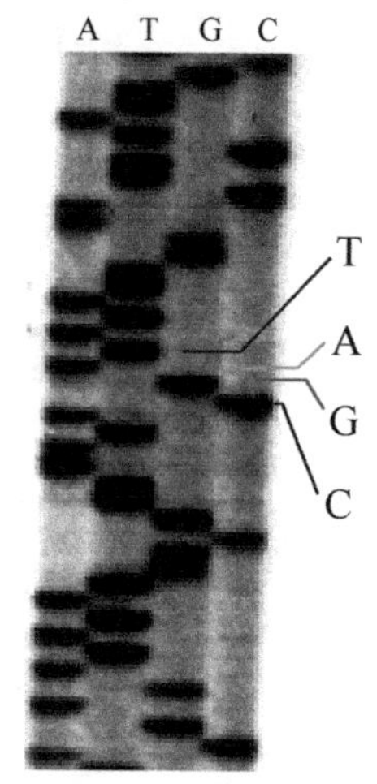

图 2.28　放射性标记的测序胶图

二、序列的组装

从早期的脱氧末端终止测序法(Sanger 法)到目前流行的边合成边测序法(SBS),以及下一代单分子测序,序列的读取都有一定的错误率,序列需要组装成更长的片断。因此,在测序时一些工作是必不可少的,并有一定的通用性,其中包括对读取序列进行质量控制,拼接更长的片断,并纠正该过程中的部分错误。

(一) Base Calling and QC

从测序仪器上得到的并不是真正的核酸序列,而是要将带状图,峰图文件,或其他信号转化为核酸序列,同时评估序列中的碱基可信度,这个过程叫做“碱基读取(Base Calling)”。

在荧光染料终止剂用于测序之前,ATCG 不同的碱基无法被简单识别,因此需要利用 4 个电泳道测 1 条序列,每个电泳道分别加入作为链终止剂的一种双脱氧核苷酸。经过放射自显影或紫外灯照射,得到带状图(图 2.28)。Base Calling 的完成则主要依靠实验人员的检查和排序,后来有了一些简单的读序工具。

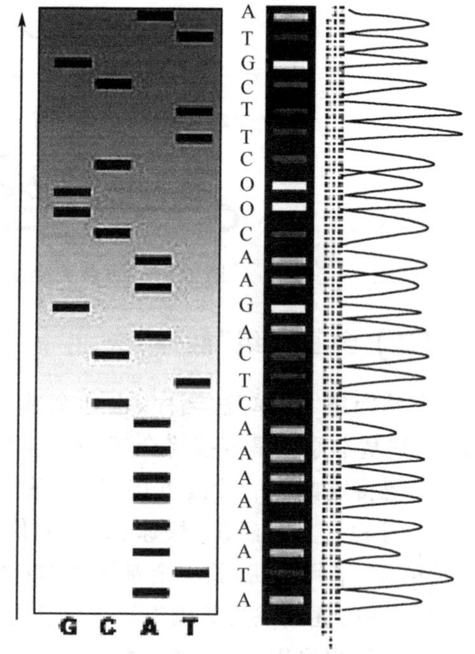

图 2.29　放射性标记和荧光标记测序的比较

ABI 公司为不同的双脱氧核苷酸加上了不同的荧光染料,使测序由原来的 4 次反应分别读取碱基变为 1 次反应,即依据荧光读取 4 种碱基。这种方法得到的是峰图文件(图 2.29)。

峰图文件的解读在初期是由生产厂家捆绑的软件完成的,但是由于缺少测序碱基质量的评估,以及软件缺乏开放性,后来开发了不同的 Base calling 软件,其中包括 1994 年开发的 STADEN 软件包。1995 年 Phil Green 和 Brent Ewing 撰写的 phred 软件拥有比 ABI 软件更高的 Base calling 精度,更长的读长,并且给出了每个碱基的质量评估值。phred 软件和组装软件 phrap 相互配合,堪称是最完美的 Base calling 软件。

碱基的质量值可以用 Phred Quality 值来衡

量,该值表征错误率的情况,值越高表明出错的可能性越低,如 Phred Quality 为 40 的时候表示该碱基准确性为 99.99%。具体说明可以参见其网址(http://www.phrap.com/phred/)。

常见的边合成边测序方法,如焦磷酸测序法(454),可控的终止荧光发光法(Solexa)以及连接测序法(SOLiD),都需要 Base calling。下面以目前最常用的 Solexa 测序仪为例介绍其 Base calling 的方法。

Solexa 测序过程中,在每一个簇互补链延伸时,每加入一个被荧光标记的 dNTP 能释放出相应的荧光,测序仪通过捕获荧光信号,并通过计算机软件将光信号转化为测序峰,从而获得待测片段的序列信息。从原理上来讲,这种测序方法出错的可能性要低于脱氧末端终止法测序。然而取决于扫描仪的精确程度,光信号的强弱会影响碱基读取的准确性。为了衡量测序的准确性,标准的测序结果也会给出类似 Phred Quality 值的质量文件,并且该质量值和 phred 格式的质量值可以相互转换。

(二) 序列拼接

序列拼接是指根据原始的测序序列(read)还原原始序列的过程,一般包括组装(contig),构建(scaffold)以及补洞(gap)等几个步骤。

在基因组学中,contig 是指一段序列,其中每个碱基都被准确定义。包括 Sanger 测序法、焦磷酸测序法等测序方法得到的序列的 contig 组装,几乎都是基于 read 之间的重叠(overlap)。Contig 拼接的过程:计算 read 之间的两两比对分数,选择具有最高得分的两条 read 进行合并,多次重复这个过程,直到不能合并。组装软件包括 Phrap、Celera assembler、ARACHNE、Phusion、RePS、PCAP、Atlas。

以 Solexa 测序法为代表的第二代测序技术得到的 read,由于具有短而且多的特点,拼接通常采用 de Bruijn 图的数据结构,常用软件包括 Velvet、ALLPATHS、EULER-SR、SOAPdenovo。de Bruijn 图(图 2.30)采用 kmer 作为顶点,kmer 之间的 read 路径作为边,因此图的大小只与基因组的大小、测序样品的重复程度相关,而与测序的深度关系很小。SSAKE、VCAKE、SHARCGS、Edena 等软件采用了先重叠再延伸的方法。

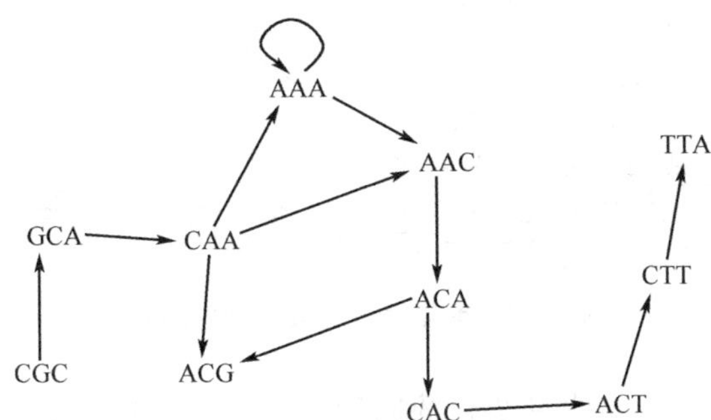

图 2.30 de Bruijn 图数据结构示意图

Scaffold 是指顺序和方向都确定的一系列 contig,但在 contig 之间存在着未知序列(gap)。Scaffold 的拼接主要依靠的是 read 之间的成对关系(图 2.31)。

未知的缺口序列(gap)可能是由于缺少测序序列的覆盖造成的,需要以两端已知序列为引物按照基因组步移(Genome walking)的方法完成补洞。软件 consed 能够用于调整

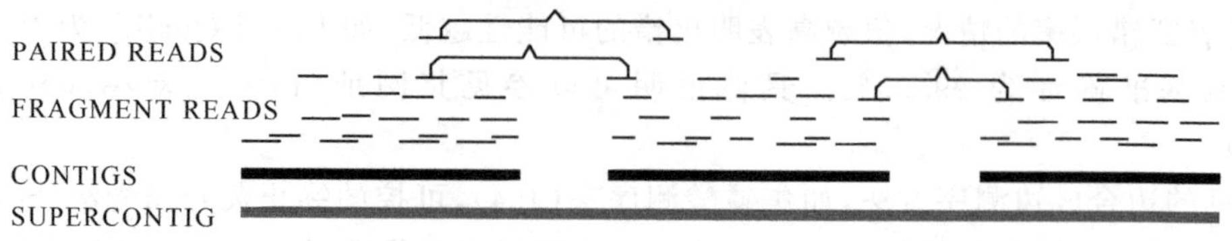

图 2.31　通过 read 间的重叠组装 contig，通过双末端（PE）关系构建 scaffold

contig 关系，设计引物。缺口序列也有可能是由于重复序列，导致在构建 contig 的过程中序列被忽略，此时可以通过调用 read 的成对关系将 gap 序列补出。

利用短序列对基因组进行拼接是公认的难题，甚至一度被怀疑其可行性。但在该项技术上，我国科学工作者开创性地对该技术路线进行了研发，提出了大量高效的算法，解决了技术难题，并广泛应用到了高度复杂地动植物基因组上，完成了大熊猫、黄瓜以及人类基因组的拼接，加速了对物种遗传资源的发掘和保护。该方法具有其他方法无可比拟的高速、准确、廉价等优势。

（三）拼接过程中重复序列的影响以及解决方法

序列组装中，遇到的最大困难是重复序列，重复序列会造成嵌合体 contig 的形成，一方面引起拼接错误，另一方面也影响序列拼接的完整性。处理的一般步骤是在 contig 拼接前将重复序列屏蔽掉，在 scaffold 拼接完成之后，将 read 还原回去。而判断一条序列是不是属于重复序列，可以人为地提供重复序列作为参考，也可以根据 read 本身的特性，比如通过 kmer 频率的计算来判断。

重复序列对于短序列拼接而言，影响更大，在应用 de Bruijn 算法的拼接过程中，重复序列会拼接到一起，如果长度小于一个 read 长度，可以根据跨过重复序列的 read 来解决。对于长度比较大的重复序列，在 scaffold 构建完之后，通过调用具有成对关系的 read 进行补洞，在小范围内，重复序列可以顺利补出（图 2.32）。

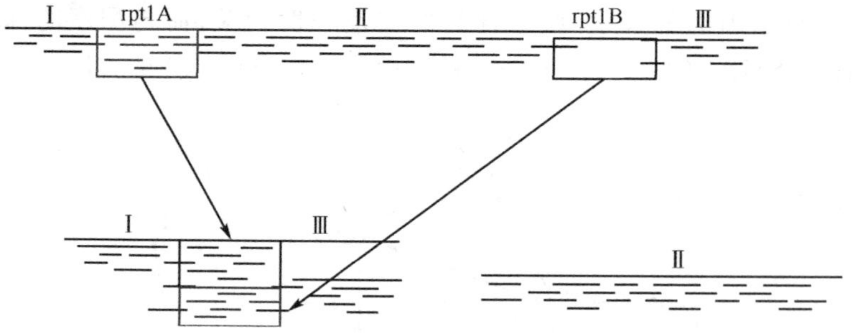

图 2.32　重复序列造成序列的错拼

拼接中遇到的另外一个挑战是杂合的问题，对于杂合度高的基因组，可以通过逐步克隆的方法测序。要用全基因组测序（WGS）的方法测序，组装还是一个很大的挑战。

三、序列的解读

（一）基因组概貌分析

除了碱基序列，基因组还存储了控制一个生物特性的海量信息。如何从基因组中解读这些信息成了基因组研究中不可或缺的重要环节。一个基因组的初步解读需要了解基因组的概貌，包括大小、构成、不同构成的含量和功能等；同时更关键的是对基因组中所包含的功能元件的分析，理解这些功能元件又是怎样决定了该生物的特性；在此基础上，需要了解基因组在不同物种之间、在不同个体之间又是如何变化发展，并最终反映到物种适应性上的。

1. 基因组大小的估计 基因组大小的估计有着重要的意义。从生物学来讲，它是物种进化分析的一个重要方面；从序列组装来讲，提前估计基因组大小，能够用于指导测序策略的设计和组装结果的评价。

在 Watson 和 Crick 提出 DNA 分子结构前，人们早在 20 世纪 40 年底就尝试估计细胞核的 DNA 含量。1950 年芝加哥大学的 Hewson Swift 提出 *C*-value(*C* 值)的概念，指动植物单倍体中 DNA 含量，现在 *C* 值的概念已推广到所有生物中。至今，储存各物种 *C*-value 的数据库 Fungal Genome Size Database、Plant Genome Size Database 和 Animal Genome Size Database 一直在更新。最初的研究认为，物种基因组的大小与生物的复杂性相关。但是在某些门的物种中，也经常出现 *C* 值和生物复杂性不一致的情况，我们称此为 *C* 值悖论(*C*-value paradox)(表 2.5)。基于"*C* 值悖论"的进化分析备受关注。目前，实验估算基因组大小的方法有很多，包括 Feulgen 显微光密度测定、流式细胞法和 DAPI 染色的荧光定量法等，其中流式细胞法运用较为广泛。

表 2.5 部分物种基因组大小

物种	碱基数	基因数	备注
病毒 ΦX174	5 386	11	噬菌体
巨病毒(Mimivirus)	1 181 404	1 262	比某些细菌都大的病毒
嗜热需氧古生菌(Aeropyrum pernix)	1 669 695	1 885	古细菌界
大肠杆菌(E. coli K-12)	4 639 221	4 377	模式菌
秀丽隐杆线虫(Caenorhabditis elegans)	100 258 171	19 427	第一个被测序的多细胞生物
拟南芥(Arabidopsis thaliana)	115 409 949	28 000	模式植物
黑腹果蝇(Drosophila melanogaster)	122 653 977	13 379	模式动物
水稻(Oryza sativa)	3.9×10^{8}	37 544	
大熊猫(Ailuiopodidae melanoleuca)	2.4×10^{9}	19 300	
人(Homo sapiens)	3.3×10^{9}	20 500	
两栖类动物	$10^{9}\sim10^{11}$	未知	
松叶蕨(Psilotum nudum)	2.5×10^{11}	未知	比拟南芥低等的植物

然而这些细胞生物学基因组大小估计方法并不依赖于真实所测的序列。实际测序时，仅能当做参考值。针对于短序列片段组装，需要一种估计完整序列长度的方法，来估计测序的短 read 所覆盖的真实序列长度，来反映基因组大小。

基于短片段估计整个序列长度问题可以抽象为如下问题：

假设存在完整连续序列 *G*，随机选取片段长度为 k，该片段称为 k_{mer}。当达到一定覆盖度时，根据 k_{mer} 数量和深度估计序列 *G* 长度，k_{mer} 深度频数分布服从泊松分布(图 2.33)。

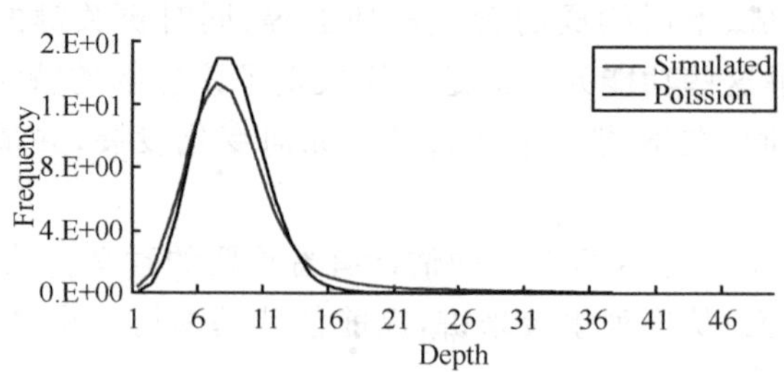

图 2.33 k_{mer}深度频数分布

根据泊松分布和兰德·沃特曼(Landerwaterman)算法,最终得到公式:

$$\frac{k_{depth}}{l-k+1}=\frac{b_{depth}}{l}=\frac{r_{num}}{G}$$

$$b_{depth}=\frac{b_{num}}{G}=\frac{r_{num}\times l}{G}=\frac{k_{depth}}{l-k+1}\times l$$

其中,k_{depth}为k_{mer}期望深度,b_{num}为碱基个数,b_{depth}为碱基期望深度,r_{num}为测序生成的 read 个数,l 为测序 read 平均长度。

从上述公式可知,若获得k_{mer}期望深度,即可计算碱基期望深度以及基因组大小。k_{mer}深度频数分布服从泊松分布,因此可将k_{mer}深度曲线主峰处深度作为k_{mer}期望深度,从而估计基因组大小。

在实际测序过程中,测序量、测序错误率、样品污染和 DNA 建库随机性等均会影响k_{mer}曲线分布;另外,所测序物种的杂合率、重复程度等也会从形状上影响k_{mer}曲线。因此,k_{mer}深度分布曲线不仅可以用来估计基因组大小,而且可以用来初步评价测序质量和估计物种基因组的杂合和重复程度。

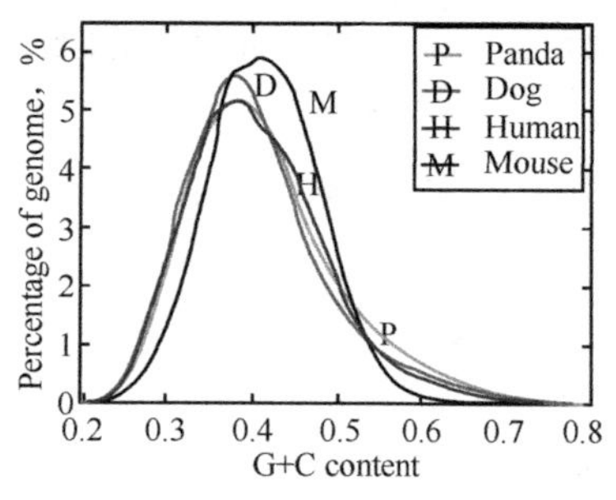

图 2.34 大熊猫、狗、人、老鼠基因组 GC 含量分布图

2. GC 含量 GC 含量是指,在所研究的基因组中,鸟嘌呤(G,Guanine)和胞嘧啶(C,Cytosine)所占的比例,就是基因组天书中 G,C 两字母所占的比例。在 DNA 双链中 G 与 C 的配对是通过三个氢键相连,而 A 和 T 的配对是两个氢键,所以 GC 配对有着更高的热稳定性。这个特性在 DNA 的提取,PCR 引物设计中都有应用。另外 GC 含量也是各进化分支的一个重要特征(图 2.34)。

当然,这些 GC 并不是平均分布在基因组内,在某些 DNA 片段上 GC 含量可高达 60%以上,而在另一些区域则只有 30%以下。图 2.34 表示的几种哺乳动物中,虽然曲线各有差异,但是分布趋势还是大体相同,平均 GC 在 41%左右。GC 含量的差异也表明了物种进化上的差异,在水稻基因组研究中,通过比较水稻基因转录上 GC 含量的梯度效应,提出了单-双子叶植物进化新观点。

在人和哺乳动物的基因组中,GC 含量高的地方,常常会形成所谓的“CpG 岛”。在人的基因组中,大约有 2 万~3 万个 CpG 岛。研究发现,这些 CpG 岛通常位于在基因的头尾附近,提示着它们可能对基因的调控有作用。

另外,GC 含量对于 DNA 测序也有一定的影响。通常在高 GC 和低 GC 含量的 DNA

序列,测序的难度会加大。图 2.35 就显示了 GC 含量和测序覆盖深度的关系。从图中可以看到,在两端的测序都比较低。但是基于第二代测序技术的高通量,可以通过提高测序深度的方式,即使两端的覆盖深度比较低,只要有 20×测序深度,仍然能较好地实现组装。

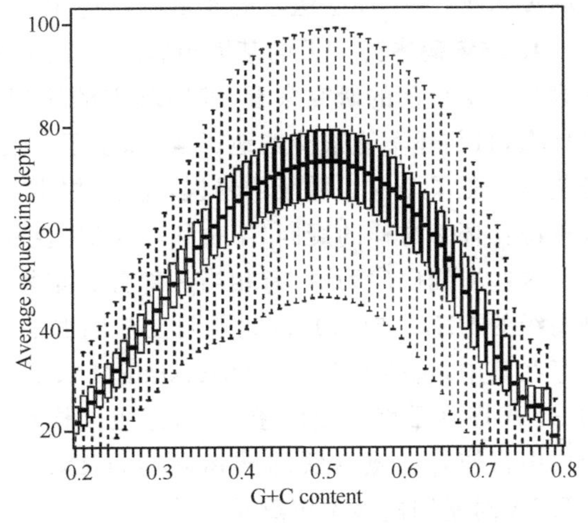

图 2.35　GC 含量与测序深度的关系

3. 重复序列的类型、大小和数目　在真核生物基因组中,有些序列不止一次出现,我们将其称为重复序列。重复序列按其存在方式,大体分为两类:串联重复序列和散在重复序列(图 2.36)。

串联重复序列是指重复单元首尾相连,串接在一起的重复序列。它们一般比较短,大部分在几 bp 到几百 bp 之间。但是重复的次数非常高,能达到几百万次。

另一类就是散在重复序列。散在重复序列与串联重复序列的组织形式不同。它们虽然一般在基因组里面也重复出现,但不是串联出现,而是分散分布在基因组中。根据重复序列的长度可以将其分为短分散重复序列(SINEs),长度在 500 bp 以下,在人基因组中的重复拷贝数达 10 万以上;长分散重复序列(LINEs),长度在 1000 bp 以上,在人基因组中有上万份拷贝。

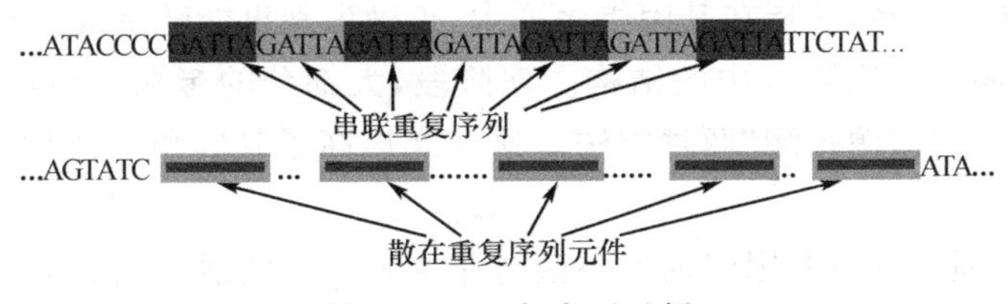

图 2.36　重复序列示例

重复序列识别算法介绍:

关于重复序列的识别算法大体可以分为两类:一类是根据已有的数据库中收集的重复序列模式进行搜索;另一类是根据基因组内容从头预测。

第一类方法中最突出的是软件 Repeat Masker,它定义重复序列为基因组中出现十分频繁的子序列,因此它将已知的重复序列集合作为"字典",在基因组中搜寻。它的不足之处是只能确定重复序列集合中已有的特定类型的重复(如某些微卫星),不能用于所有的重复序列识别。

第二类方法,无需任何先验知识,直接从核酸序列中查找重复序列。通过分析基因组中重复出现的序列来鉴定它们。这种方法能得到一些物种特异的重复序列,但是对于重复次数较少,变异较大的重复序列,也不能很好地识别。

重复序列的存在,使基因组的丰富性大大增加,也使得基因组的抗破坏性得到加强。研究表明,串联重复序列在基因表达、调控和遗传等方面起着十分重要的作用,同时它因具有高度多态性,已成为基因组遗传图谱和物理图谱的理想界标。以串联重复序列为基础的

“DNA 指纹技术”在法医学等领域广泛应用。

4. 非编码序列 人的基因组有 30 亿个碱基对，在这么多的序列里面，究竟蕴藏了什么内容呢？从目前的研究来看，编码基因的序列只占了其中的 1% 左右，剩余的大部分序列是什么，目前还不能很清楚地了解，以至于一度被科学界称为“垃圾序列”(junk)。难道生物进化真的犯了个这么低级的错误，把这些“垃圾”留在了基因组内，任其占用着大量的空间和资源？怀着这样的疑问，不少科学家对这些非编码序列展开了深入的研究。

这些非编码序列中，有相当一部分的重复序列，它们通过各种各样的重复方式，形成各种高级的 DNA 结构，并以此来调控基因的表达。除此之外，还有各种各样的非编码 RNA 也存在其中，包括 tRNA、rRNA、snoRNA、miRNA 等。这些由非编码 DNA 序列转录过来的 RNA 序列虽然不编码蛋白质，但也同样行使着重要的生物学功能。如 tRNA 在蛋白质合成中行使着对氨基酸的转运功能，rRNA 与核糖体结合共同完成蛋白质的翻译过程，miRNA 对基因的修饰沉默功能等。

miRNA 是一种长约 21～23 个核苷酸的 RNA 分子，对基因表达起到调控作用。目前 miRNA 的研究很受重视，现在我们可以通过测序或预测的方法得到 miRNA，同时对 miRNA 靶基因的预测及其作用机制也是研究热点。

（二）编码序列的分析

1. 编码基因的鉴定 在基因组序列中，人们最关心的就是蛋白质编码基因，因为大部分的生物学功能都是通过蛋白质来行使的。所以，正确注释出蛋白质编码基因，了解其基因结构，是整个基因组注释中最核心的问题。

蛋白质编码基因注释，是指在基因组序列中，正确识别出能转录成 mRNA，并正确翻译成蛋白质的区域，同时要判断其中的结构。现阶段，大部分的蛋白质编码基因注释都会结合使用“从头预测”和“同源预测”两种方法。这样既提高了基因预测的敏感性，又确保了大部分基因的准确性。

从头预测是指通过分析基因组内编码区与非编码区的区别(图 2.37)，从基因组内找出可能的编码区。这种方法通常要给定已知的基因作为“训练集”，让程序提取各种参数，用以区别编码区和非编码区。可以用来区别编码区和非编码区的特征包括有剪接位点，密码子偏好性等。剪接位点主要是指内含子 5′端和 3′端的保守序列“GT-AG”。如果这些位点能可靠地从基因组中找到的话，基因识别的难度将会显著降低。而密码子偏好性就好比基因组的方言，虽然表示的都是同一样东西，但是在不同物种里面，都有其偏好的选择。早在 20 世纪 70 年代，人们在研究基因的异源表达时，就已经意识到密码子偏好性的重要性。随着现在大规模测序的应用，越来越多的基因组被注释出来，通过研究这些基因组，我们可以在不同物种、不同种群，甚至不同功能的基因之间来比较偏好性，从而指导对编码基因的预测。另外，基因区 GC 含量与非编码区的区别，外显子长度的分布等也是从头预测经常使用到的参考量。通过从头预测的方法，可以识别出基因组内大部分的编码区，但是也同时带来许多假的预测，我们称之为“假阳性”。

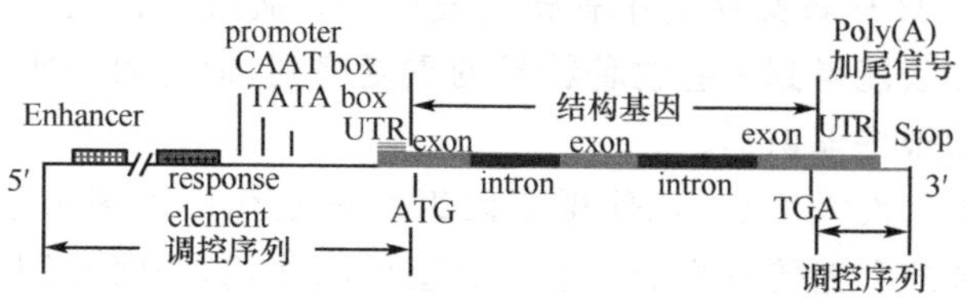

图 2.37 真核生物基因结构图

同源预测则基于进化论的观点，认为相近物种都是由共同的祖先进化来的，它们之间有着大量的相似序列，特别是功能序列。所以，根据已知的其他物种的编码序列，在研究物种中找到与之形似的序列，这些序列通常就会编码形似的蛋白质。这种方法的准确度要比从头预测的要高，特别是当有相近物种已被注释时。但是这种方法也有一个明显的不足，那就是通过这种方法，只能找到比较保守的基因。而物种里特有的基因，则因为没有与之相似的序列而不能被挖掘出来，我们称之为“假阴性”。

如何在假阳性与假阴性之间权衡，从而得到一个较为准确的基因集，是编码基因鉴定中面临的重要问题。结合从头预测和同源预测这两种方法，可以较好地解决这个矛盾。

2. 基因密度 基因序列在基因组内只占很小的比例，如果把基因比作一棵棵树的话，这些树在基因组内有不同的排列。基因组内有些区域就像原始森林一样，里面密密麻麻的有许多的基因，它们成簇成簇的排列；而大部分区域则像非洲草原一样，隔着一段距离才有一个基因；而另外一些区域则像是大沙漠一样，大片大片都不见一个基因。为什么基因组里面基因排布会有这样的不同呢？

通过对人类基因组的分析，发现基因密度和 GC 含量有很大的关联。在人类 3 号染色体短臂上，随着 GC 含量由 30%增加到 50%，相应的基因密度增加了 10 多倍。这种相关性主要取决于内含子大小。相比之下，外显子长度和数目的变化则较小，同时，富含 GC 区的基因间距也比富含 AT 区小。并且，高 GC 含量的区域，相应的 CpG 岛的分布也会更多，而研究表明，一些保守的“持家基因(house-keeping genes)”与 CpG 岛的分布有着某种正向的关联。研究同时发现富含 GC 的 SINE 类重复顺序在 GC 含量较高的区域有较高的覆盖率，相反富含 AT 的 LINE 类重复顺序在 GC 较低的区域分布较多。这些结果暗示着基因分布与基因组这一关系的形成是基因与基因组长期共进化的结果。通过研究基因密度与 GC 含量的关联，对于基因的转录、调控和生物进化等的了解有很好的帮助。

3. 基因功能注释 在得到编码蛋白质的基因后，下一个目标就是搞清楚这个基因的功能：它究竟是干什么的？对于已有实验证据的基因，只需将功能描述与相应基因关联即可。但对于新测序的物种，需要运用生物信息学的方法预测基因的功能。

目前主要的方法是对已有功能的序列的相似性搜索。将预测到的基因序列与已知功能蛋白质数据库比对，选取与之最相似的蛋白质注释未知序列。这样的数据库主要有 SWISS-PROT(http://www.ebi.ac.uk/swissprot/)。另外也可以只针对蛋白质中比较保守的 motif(功能域，又译为模体)来预测蛋白质功能，这样即使蛋白质整体上变异较大，只要主要的功能区仍然保守，也能大概了解蛋白质的功能，这种方法代表的数据库是 PROSITE(http://www.expasy.ch/prosite/)。此外还可以通过构建直系同源家族的方法，用同一个家族内已知功能的蛋白质预测未知序列的功能，代表数据库为 COG(http://www.ncbi.nlm.nih.gov/COG)。

功能注释中不得不提到 GO 注释。GO 注释分析，是一套基因功能定义和描述整合性的分类系统(gene ontology annotation)，按照 3 个大的标准：基因的功能、参与代谢的过程、基因产物的定位，而将每个基因聚类。通过 GO 注释，可以从基因功能，代谢途径等方面了解基因的功能。

另外一个思路是基于蛋白质三级结构建模的方法来预测蛋白质功能。建模的方法同样有基于已知模型的同源建模和不依靠已知结构的从头建模。通过各种方法构建出蛋白质结构后，对指导目标靶的研究很有帮助，这在药物设计研究上运用较多。

4. 功能网络分析 如果把整个基因组比作一个工厂的话，每个基因就是一台机器，它们能各自完成自己的单一任务。但是，如果要使生命有序的进行，基因间就必须通力合作，构建成网络来完成更加复杂的生化过程。

从网络结构里面，可以了解到各基因之间的相互作用，而不是把它们看成孤立的因素。如图 2.38 所描述的三羧酸循环，包含了数十个基因间的共同作用，才最终完成整个生化过程。任何一个基因出现了问题都有可能使整个循环无法继续下去。所以要从整体上研究基因的功能就必须把基因置于网络中来研究。KEGG（Kyoto Encyclopedia of Genes and Genomes，京都基因与基因组百科全书）数据库就包含了生化过程中的各种网络通路，组织形式包括以下几个大类：代谢、遗传信息处理、环境信号处理、细胞加工等。通过与数据库中的蛋白质比对，可以了解到研究的基因在通路中起到什么作用，并能与相关性状联系，指导研究。如在黄瓜基因组中，通过研究乙烯合成网络，发现黄瓜的性别决定与乙烯有很大的关联。

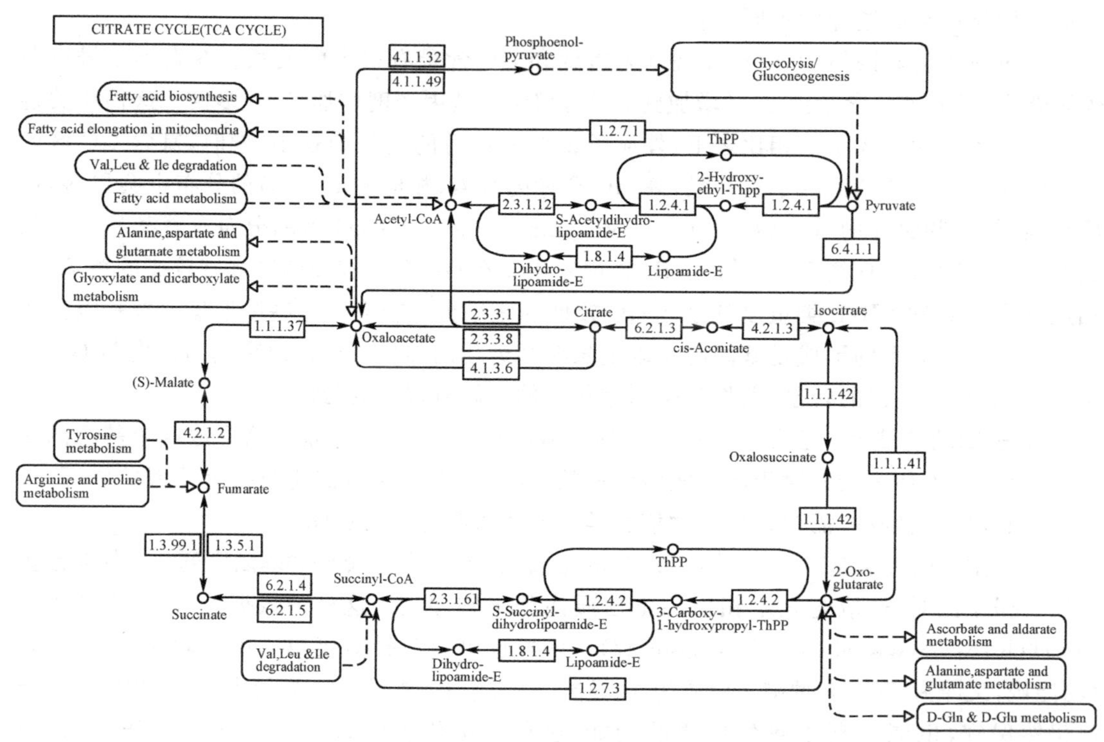

图 2.38　三羧酸循环(KEGG database)

5. 特征性调控元件的分析　早期的基因工程试验中，经常遇到转移到其他生物体内的基因不表达的情况。为什么基因序列都完整了，而基因却不表达呢？后来的研究发现，其中一个原因是因为转入的序列中缺少了调控元件(图 2.39)。顺式调控元件，是指基因组序列上的一段有一定调控功能的序列。它用来调节同一条链上的邻近基因的转录量，而本身不编码蛋白质；而反式因子是指某段基因编码的蛋白质或小 RNA，用来与对应的顺式元件结合而直接或间接影

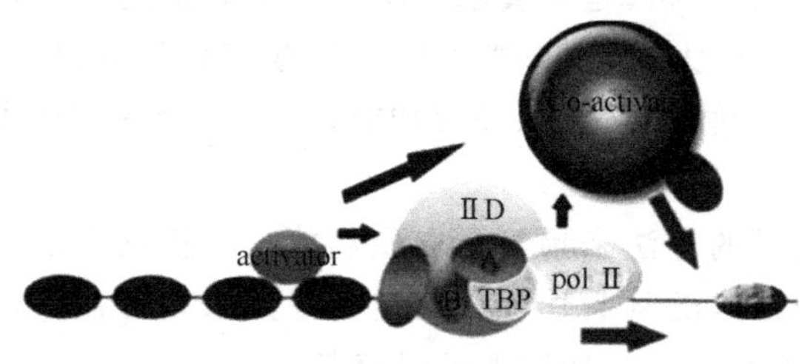

图 2.39　转录调控作用

响转录起始效率。

1975年,美国科学院期刊PNAS上刊登了由Pribnow(普里布诺)发现的细菌启动子保守序列TATAAT,即被以发现人命名的Pribnow box(普里布诺盒),这基本是最早被报道的顺式元件。随后,TATA-box(TATA盒)等更多的调控因子被相继发现。人们逐渐了解到,基因的表达还受到各种调控元件的调控。

通过基因敲除、基因沉默等手段,人们已经可以在试验上鉴定出调控元件。基于信息学的手段,我们可以通过与已知调控因子比对等方法,找出保守的序列。也可以归纳已知的调控元件,得出各个位点不同碱基出现的概率,并通过打分的方法来预测潜在的元件。另外,通过其他特征的分析,如碱基自由能、碱基堆积能、GC含量等的研究对调控元件的预测也起到了积极的作用。

(三)基因组序列的比较分析

分子进化分析主要是集中在序列进化(sequence evolution)上,即试图从DNA和蛋白质序列的挖掘中阐明生物进化的动力模型和蕴藏在那些今天我们"看得见的"物种背后的各种现象的解释。从序列的角度上寻找变与不变成了生物信息学在进化分析上的主要课题之一。进化的研究将会像一位思想导师(杜布赞斯基)一样引领着生物学其他领域向前进,"Nothing in biology makes sense except in the light of evolution!"。一方面,我们更加清楚哺乳动物是怎样形成了高度发达的感知能力,同时我们也解释了为什么人更聪明以及熊猫为什么会吃竹子等有趣的现象。通过序列的比较和进化分析,这些4个符号组成的序列向我们展示了无比精彩的动态的世界。

回顾历史,在关于推动生物进化背后的动力的问题上,各种学说一直争辩不休,形成了几个不同的观点。其中影响最为深远的要数达尔文的自然选择学说和日本的木村资生提出的中性学说。达尔文提出的物种渐变、适者生存、优胜劣汰的选择学说在生物学界曾一度成为主流并统治整个学术界,因为它能够很好地解释生物形态、生理、行为和生态上的宏观现象。而当生物学发展到20世纪后半期,随着生命世界两种最重要的物质——蛋白质分子和DNA分子的数据不断地被获得和分析,人们发现,许多分子水平上的现象无法用选择理论来解释,尤其是高度的序列变异率和多态性,还有分子进化钟和密码子的简并性等。中性论者对这些现象有满意的解释,他认为,进化过程中序列(DNA、氨基酸)上的绝大部分多态位点是中性或近中性的,许多蛋白质多态性必须在选择上为中性或近中性并在群体中由突变引入和随机灭绝来维持平衡。

面对这些新的分子层面上的数据,选择论者并不是一筹莫展。他们认为,一个突变的等位基因在物种内扩散,就必须具有某些选择上的优势-即使选择上是中性的,也需是与某一选择上具有优势的基因紧密连锁,通过"搭车"而达到较高效率。这又或许是杂合子优势在多态性上的表现。基于这种思想,产生了现今的各种各样的相关软件和统计方法,试图在DNA水平上寻找到受选择的痕迹。

由中性理论引申出来的一个推论就是,编码区上的大多数突变是有害的,故编码区上的净化选择将占主导地位,这就意味着生物学上重要的序列将会是保守的,因为保守,进化速率就会比较慢。这是我们今天用比对软件寻找功能保守区,或利用保守区预测序列功能的一个主要思想来源。在这里,我们可以看出,中性理论并没有完全拒绝选择理论,在形态学上面,它承认选择力量的存在,在分子层面上,它假设净化选择在消减大多数有害突变上起重要作用。

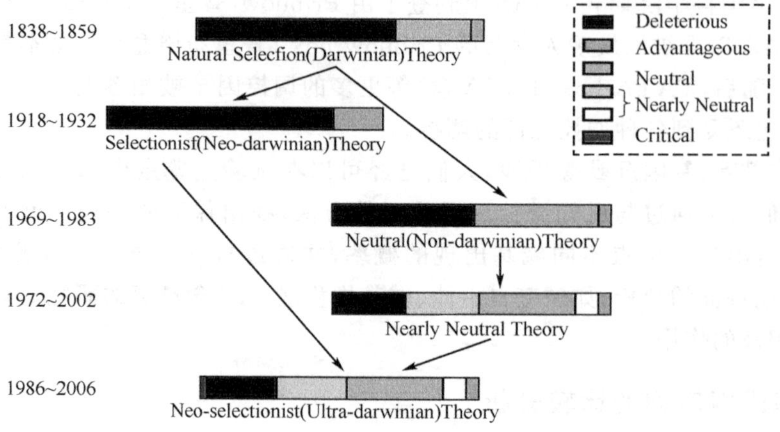

图 2.40 分子进化的理论演化

图 2.40 显示了进化研究各种学说的发展历程。从图中可以看出，达尔文论者(Darwinian)假设了三种突变类型的存在：有害突变、有利突变和中性突变。新达尔文主义者(neo-Darwinians or Selectionists)忽略掉了其中的中性突变类型。而中性突变又被提出中性进化论的木村资生(Kimura)重新引进和明显放大其在进化中的作用(non-Darwinian evolution)。随后被看做是中性理论的修正版的近中性学说指出了介于中性与有利(或有害)的稍微有利(稍微有害)突变类型，使得中性学说更加完整。近几年提出的新突变理论(neoselectionist theory)指出基因组上的一些重要功能区域或基因序列上的某些重要位点的改变对序列进化的重要意义，使得中性学说的 genetic drift 演变为 genomic drift，人们开始从基因组整体上去关注进化的动力问题，尤其开始关注一些对生物不可缺少的重要功能区域的分析。

但不管怎么样，从人类基因组测序完成到今天，短短十年，公共数据库已经积累了丰富的来自各种生物的 DNA 序列，为现阶段的比较基因组学和系统发育分析提供了巨大的分子层面的数据资源。随着第二代测序技术的发展，数据的产生到达了爆发阶段，必将带来我们对进化论更深层次的认识。

1. 系统发育分析 系统发育研究是要通过蛋白质或核酸序列同源性的比较进而了解基因的进化以及生物系统发生的内在规律，它是对一组实际对象的世系关系的描述。系统发育分析有一个基本的假设，即核苷酸和氨基酸序列中含有生物进化历史的全部信息。它的理论基础是分子钟理论，即在各种不同的发育谱系及足够大的进化时间尺度中，序列的进化速率几乎是恒定不变的。

系统发育树可分为有根树和无根树两类。有根树是具有方向的树，包含唯一的节点，将其作为树中所有物种的最近共同祖先。最常用的确定树根的方法是使用一个或多个无可争议的同源物种作为外群(Outgroup)，这个外群要足够近，以提供足够的信息，但又不能太近以致和树中的种类相混。

把有根树去掉根即成为无根树。一棵无根树在没有其他信息(外群)或假设(如假设最大枝长为根)时不能确定其树根。无根树是没有方向的，其中线段的两个演化方向都有可能。

具体到分子进化研究中，系统发育树重建分析一般分为 4 个步骤：①多序列比对，形成同源区域（同源位点对位排列）；②建立取代模型（建树方法论）；③建立进化树；④评估进化树。

构建系统发育树需要可靠的待分析数据、准确的多序列比对结果和合理的建树方法。若序列相似度较高，物种较近源，可采用最大简约法；若相似度较低，可采用距离法、最大似然法和贝叶斯法。目前杨子恒的基于最大似然法的 PAML 包被广泛运用，还有 mrBayes 采用了基于 MCMC 的统计模型和检验方法，也被许多人所接受和喜爱。图 2.41 是国际大熊猫基因组研究项目中的一个分析案例。其系统发育树的构建来源于相关物种的 7034 个单拷贝基因家族的四重简并位点信息（4-fold degenerate sites），枝长代表了中性进化速率，枝长上的数字代表了该分枝上的 ka/ks 值。树上的各内节点的后验概率（拓扑结构的可信度）均为 100%。

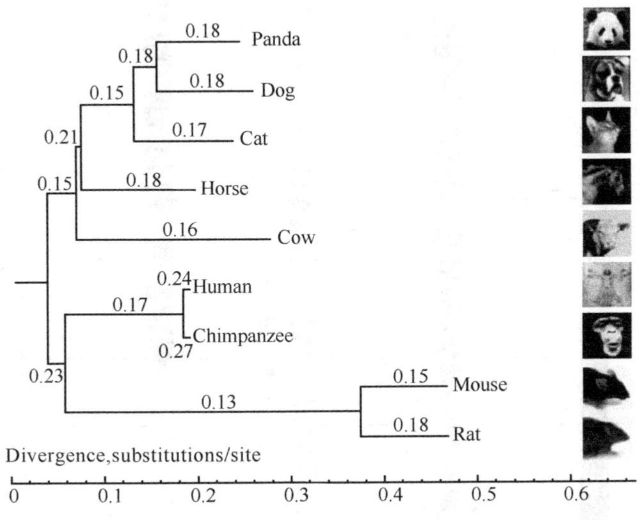

图 2.41　与大熊猫相关的已测哺乳动物系统发育关系树

2. 物种序列比较　所有的物种来自一个共同的祖先，而随着时间的变迁，不同物种的基因组发生了不同的分化，为了在基因组序列上找到那些保守的区域或潜在的功能区，共线性分析便成了比较基因组学研究中最重要的分析之一。

现在所提到的共线性主要是从比较基因组学的角度来讲，它定义为：来自同一祖先的物种，它们的基因在染色体上的顺序和序列具有一定的保守性，这种保守性即共线性。共线性分析主要是基于 DNA 序列的比对，目前已经研发出了许多用于共线性分析的软件。

Claus Kemkemer 等在对人、大鼠、小鼠、负鼠、狗、鸡以及牛的基因组进行基因共线性分析中进一步揭示了哺乳动物进化过程中所发生的基因断裂和融合事件。如图 2.42 所示，人类第一条染色体与来自其他哺乳动物不同染色体的区域存在共线性，揭示了哺乳动物演化过程中染色体发生重排。图中人类 1 号染色体右边的数字代表的是断裂点（breakpoint）的位置，单位为 Mb（megabases），其他哺乳动物染色体右边的数字代表的是染色体的号数，即此段同源区域所在染色体的号数，人类一号染色体中黑杠（black bar）代表的是中心粒的位置，实线部分所代表的是所有非人基因组的断点位置，可能意味着灵长类所特有的染色体重组位点。染色体内实线部分所代表的是可能由于倒置而产生的染色体内重组部分。

虚线部分指代的是重新被利用的断裂位点，即这个位点被来自于 2 个不同分支的至少 3 个物种的染色体所利用。

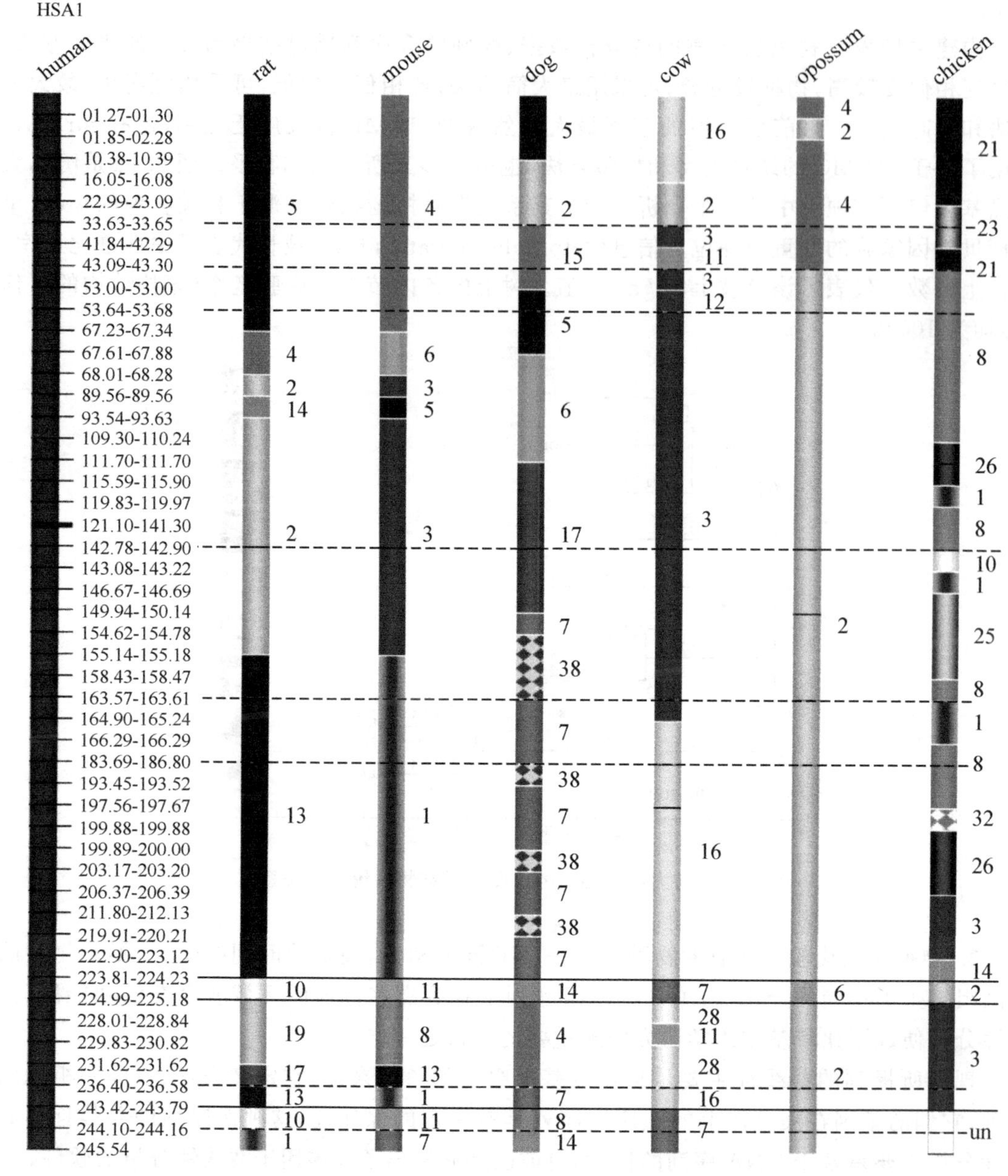

图 2.42 人类第一条染色体与其他物种的共线性分析

共线性分析不仅在进化分析起重要作用，它在基因组比较分析，基因功能分析等领域也得到了广泛的应用。信息学分析中 DNA 是由 4 种状态的碱基由不同的排列组合而成的一维序列，而且是静态的，这就可以非常简单地进行数学模型化，比对基于的思想就是定位出相同或不同的区域。在这里，一种名为动态规划的算法成了各种比对软件实现共线性搜寻的核心思想，而且在时间优化和内存需求上做了许多灵巧的改进。

3. 全基因组复制和片段复制　在基因组的进化历史中，复制是一个普遍的现象。在植物界中，尤其是被子植物，多倍化事件到处可见，这就导致在同一个科或同一个属内，不同种的植物的基因组大小差异非常显著，这就是大家熟知的 C 值悖论。另一方面，历史上至少有一次全基因组复制推动着脊椎动物的进化。正是这些全基因组复制或大片段的复制，使得许多功能片段存在有多个拷贝，这就为物种适应复杂的恶劣环境提供了数量上的保障和进一步演化出新的功能元件的便利条件。

在植物界，总体来说，染色体数目比基因组大小要保守得多。这是由于虽然发生了全基因组复制或片段复制，但由于染色体间通过重新组合（臂间倒位、融合和丢失）而使染色体数目维持在一个合理的范围内。

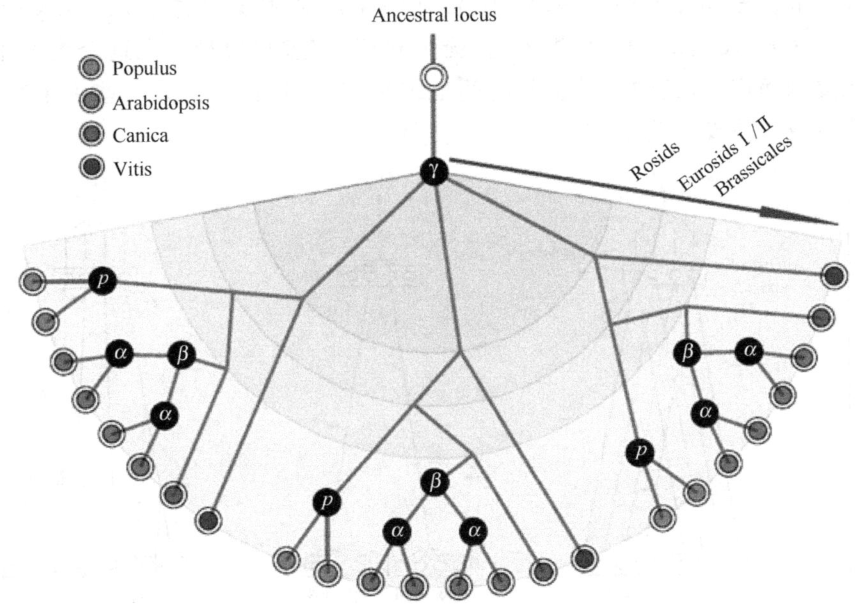

图 2.43 植物多倍化示意图

图 2.43 所示的是胡杨、拟南芥、番木瓜和葡萄在多倍化事件中的比较。可以看出，它们的共同祖先发生了一次名为 gamma 的三倍化事件，以后葡萄和番木瓜没有发生全基因组复制，其他的几个物种分别发生着不同次数的全基因组复制。有些发生了两次（拟南芥），有些只发生了一次（胡杨）。这些全基因组复制对于物种的分化和某些适应环境功能的演化起着重要的作用。

4. 同源基因和基因家族分析 40 多年前，Susumn Ohno 就曾断言，“Without duplicated genes the creation of metazoans, vertebrates, and mammals from unicellular organisms would have been impossible ”。正是由于在进化的过程中，基因大量复制，提供了丰富的遗传变异的材料，使得某些单拷贝的基因选择压力被释放，并且可以相应地形成许多新的功能（neofunctionalization）和亚功能（subfunctionalization）。相似的 DNA 序列预示着潜在的相似或相同的蛋白质结构和功能，而后者又意味着相同的起源。寻找同源基因（homologs）成为蛋白质功能预测、物种分化、药物设计等的重要方法。同源基因从基因起源上分为两类，即起源于同一个祖先由物种分化而形成的直系同源基因（orthologs）和起源于物种基因组内部由基因复制而成的旁系同源基因（paralogs），后者又分为物种分化之前在祖先状态时就已复制的 out-paralogues 和物种分化之后再在物种内部复制的 in-paralogues。从时间和空间上鉴定同源基因的动态变化过程，是研究进化的重要着眼点之一。

多基因家族也就是一群起源于一个共同的祖先基因、有着相似功能和相似 DNA 序列的基因组合，图 2.44 是多基因家族的三种进化模型。空圆圈代表功能基因，黑圈代表假基因。不论哪个动力模型，都是为了阐明一个基因家族是如何由一个共同的祖先基因演化而来的，它是试图从整体上研究家族的变化历史、变化模型。图中所示的基因家族的进化范式(paradigm shift)中，有由于对球蛋白基因家族分析而得出的分歧进化模型(divergent evolution)，有对核糖体 RNA(rRNA)基因家族分析得出的协同进化模型(concerted evolution)，以及近年来由于对人体免疫球蛋白主要组织相容性复合体(immunoglobulins and Major Histocompatibility Complex，MHC)、基因家族和嗅觉受体(Olfactory Receptors，OR)的研究(Malnic，et al. 2004)，提出的“诞生和灭亡”进化模型。在这个模型中，新的基因通过基因复制而产生，其中一些会长时间地维持在基因组上，而另一些由于有害突变等原因而被删除或变得没有功能。

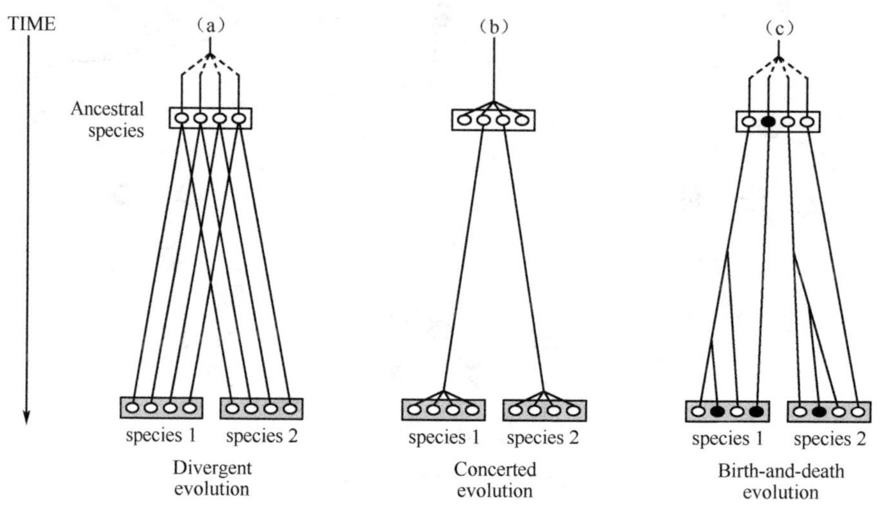

图 2.44　基因家族进化动力模型

以人类的嗅觉受体基因家族为例，人类能够识别约一万种不同气味，长期以来，这一基本原理一直困扰着人们。不过，2004 年诺贝尔生理学奖得主理查德·阿克塞尔和琳达·巴克解决了这个问题，证明了嗅觉系统的作用机理。他们的研究发现人类总共有 339 种不同的嗅觉感受器基因(OR GENE)，它们可以转录为 339 种不同的嗅觉感受器，根据这些感受体结构与气味分子的对应关系，可以分成 172 个子家族(subfamilies)。这些基因分别位于人类 21 条染色体的 51 个基因座上。除了这些嗅觉感受器基因以外，科学家还发现人体内还有 297 种与嗅觉相关的假基因。一般认为这些基因是人类进化过程中退化了的嗅觉基因。

嗅觉信息的传递从气味分子结合在嗅觉感受器上开始的，这些嗅觉感受器位于特化的神经元上，信息经过感受器传递到神经元，神经元传出的信息由鼻子上皮膜开始经筛板而传递到大脑底部的嗅球，嗅球由许多嗅小球组成，信息经过嗅小球处理以后，经由僧帽细胞进入大脑皮质区，产生嗅觉。

长期以来，我们的研究只是单纯地以单个基因为研究单位，忽视了其在整个家族或某个代谢环境中的地位和作用。由于这涉及基于网络的许多复杂遗传系统，我们的研究将会面临更大的挑战。

目前对基因家族的研究主要是基于同源比对的方法，现在常用的分析软件有 TreeFam、Inparanoid(O'Brien, et al. 2005)和 OrthoMCL (Li, et al. 2003)。

5. 群体内的基因组动态变化

由中心法则我们知道，DNA 是生物性状的最终控制者，DNA 序列的改变可能会导致蛋白质的结构和功能发生变化，从而影响某条代谢途径，最终影响到生物体的性状改变。DNA 序列的变化主要包括三种：单核苷酸多态性(SNP)，短片段插入/缺失(InDel)以及结构性变异(SV)(图 2.45)。

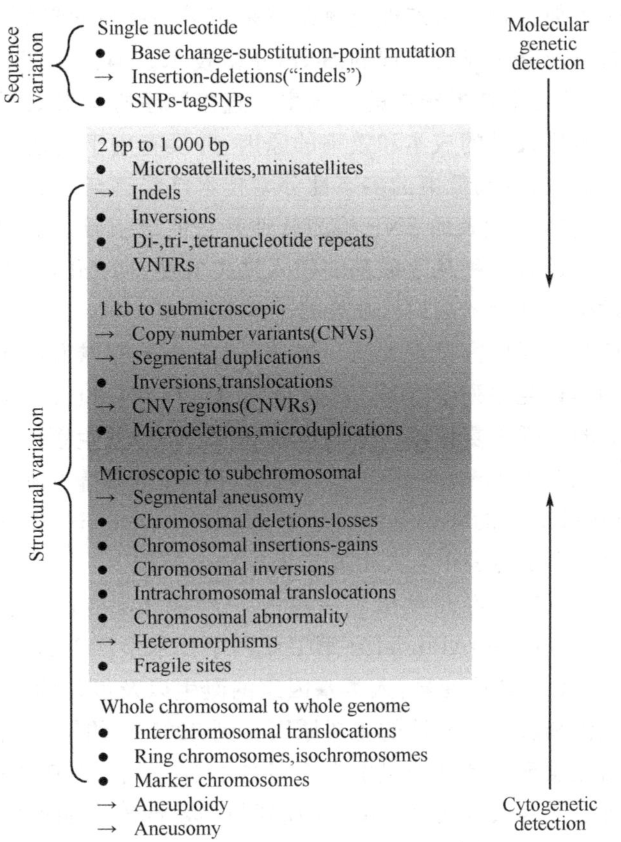

图 2.45 基因组变异的结构尺度与术语

(1) 单核苷酸位点多态性：单核苷酸位点多态性的点突变发生在蛋白质基因编码区时，或不影响功能，称之为同义突变；或改变氨基酸序列，称之为错义突变；极端情况下会造成蛋白质读码框的错乱，使得正常基因无法翻译成蛋白质，称之为沉默突变。1988 年，由 Landegren 等研究发现镰刀型贫血症患者的 β-球蛋白基因序列与正常人球蛋白基因序列仅存在一个碱基的差异，即序列上第 6 个氨基酸密码子发生了 A→T 的颠换，此位置上的谷氨酸被缬氨酸取代，从而形成了异常的球蛋白 HbS。在氧气充足的情况下，HbS 呈自由分子状态，但是当氧气不足时，红细胞呈现镰刀状，从而发生聚合反应，产生溶血现象。微血管被聚合的红细胞阻塞，导致疼痛和慢性贫血。

SNP 是研究个体间差异、群体动力，以及物种进化非常有力的数据。SNP 遍布于整个基因组，有较高的密度。在人类基因组中，至少每 1000bp 就有一个 SNP 位点，总的 SNP 数目至少为 300 万个。另外，SNP 具有较强的代表性，某些位于编码区的 SNP 直接影响蛋白质的表达及其结构，从而与某些遗传疾病密切相关。除此之外，SNP 的检测目前已经实现了自动化，大大提高了检测的效率。正由于这些独特的优势，SNP 取代了串联重复序列(Short Tandem Repeat, STR)和限制性片断长度多态性(Restriction Fragment Lenth Polymorphism, RFLP)等传统的遗传标记，成为了第三代分子遗传标记。包括中国科学家共同参与的国际人类基因组单体型图计划(HapMap 计划)对世界主要人群的多态性图谱进行了描绘，为疾病诊断、人类起源、人群分化等方面的研究提供了大量宝贵的数据。2008 年，由中国、美国和英国三家基因组研究单位发起的"千人基因组测序计划"利用第二代高通量测序技术，对 1000 个不同国家和地区的人类基因组序列进行了全基因组测定。相比于之前的 HapMap 计划，该项目将产生更可靠、更精确的多态性数据(请参考 http://en.wikipedia.org/

wiki/1000_Genomes_Project)。该项目积累的数据将被广泛地用于癌症、糖尿病等复杂遗传疾病的研究,并对今后的"个人基因组"和"个体化医疗"产生深远的影响。

SNP可以通过测序方法,也可以通过很多Genotyping平台进行检测。HapMap计划及类似的物种多态性检测研究采用了一些高通量的Genotyping方法,如基于杂交的芯片平台以及基于飞行质谱的SNP分型技术。但是由于分辨率等原因,这些方法有很大的局限性,并可能造成很高的错误率。直接测序检验SNP是最为准确的鉴定方法,然而由于第一代测序技术的成本和效率的原因,并没有用于高通量的多态性分析。随着第二代测序技术的出现,准确低廉的多态性分型技术已经逐渐成熟。基于Solexa测序方法,以SOAPsnp和Maq等为代表的SNP检测软件是目前该领域主要的分析方法。

还有一种几个碱基的插入缺失突变,叫InDel (Insertion/Deletion)。非3倍数的InDel发生在基因的编码区域会产生移码突变。Kyoko Yamane等对甘蔗、玉米以及水稻的线粒体基因组研究发现大约一半的InDel都是单核苷酸InDel,并且在串联重复(tandem repeat)和非重复序列中InDel的数量和分布模式(pattern)不尽相同,InDel偏向于发生在富含A/T的串联重复区域。他们还发现InDel的发生频率大约为$0.8\pm0.04\times10^{-9}$/(site * year),并且在IR(inverted repeat)区域,InDel的频率更低。Sian Ellard等研究发现HNF-1由于InDel引起的移码突变引起了MODY(maturity-onset diabetes of the young)。研究还发现小InDel还是产生人类遗传病的一个原因。

目前已经开发出了一些关于检测InDel的软件,如nextGENe、SOAPindel、Polyscan等。其中SOAPindel在第二代测序技术检测InDel上有广泛的应用。

(2) 结构变异:人类基因组的诞生以及最初围绕其进行的大量分析揭示了SNP是导致遗传和表型多样性的主要原因。到2007年的第二代人类基因组遗传整合图谱HapMap中已经发现人类基因组中广泛存在1000万个SNP位点。基于SNP的全基因组疾病关联分析也得到快速发展,并已经找到与多发性疾病如老年痴呆症、帕金森症、糖尿病和心血管疾病相关的许多SNP位点。

但是,自从Iafrate和Sebat等人于2004年分别用BAC芯片及代表性寡核苷酸芯片分析技术(ROMA)证实了从数千碱基到数百万碱基长度的基因拷贝数变异广泛存在于正常个体中,许多致力于结构变异(Structure Variation)的研究极大地改变了我们对于人类基因型景观的理解,并对生物学的几个领域如疾病关联分析、癌症基因组学和分子进化等产生深远的影响,如与癌症相关的遗传变异常常是由于重排和原癌基因改变引起的,其他的疾病如帕金森也与基因的拷贝数变异引起的基因剂量改变有关。这是因为与SNP相比,结构变异虽然发生的频率较低,但涉及的序列长度却大大超过了SNP,因此对人类健康和疾病的影响更为显著。此外,结构变异的分析也为我们理解进化过程中基因组的成型提供大量信息。

基因组结构变异通常指DNA序列长度大于1 kb的基因组差异,包括DNA片段缺失、插入、区段重复、重排、倒位以及DNA拷贝数目变异(Copy Number Variations,CNVs)(图2.46)。DNA拷贝数变异是指与参考序列相比拷贝数发生了变化的一段长约1kb或更长的DNA片段,如果某段DNA的拷贝数变异发生在全体中1%的个体以上,则我们称之为拷贝数多态性。区段重复或者低拷贝重复,是指在单倍体中发生两次或更多次拷贝且不同拷贝间的序列相似度高于90%的一段大于1kb的DNA片段。

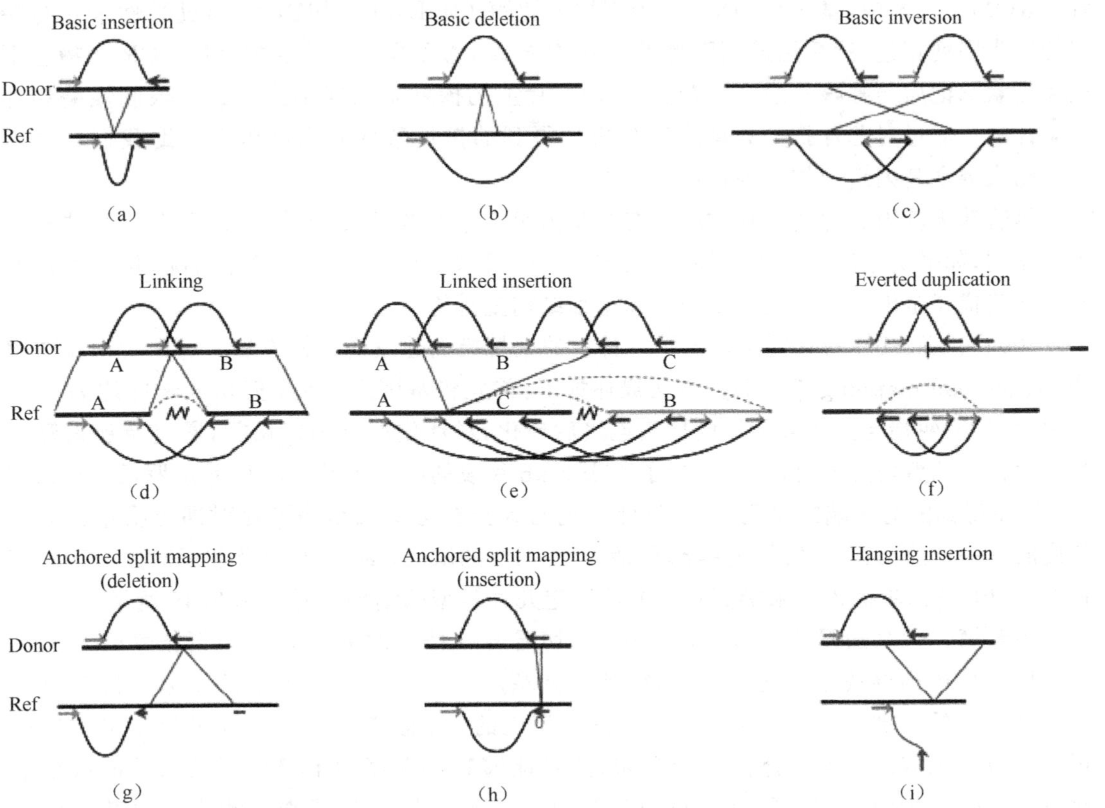

图 2.46　基因组结构变异的主要类型，图中 Ref 代表参考序列，Donor 代表与之比较的其他序列

随着分子生物学研究方法尤其是测序技术的进步，检测 DNA 结构变异的手段也变得越来越完善，得到的结构变异的分辨率也越来越高。大体上可以将这些方法分为基于芯片技术和 DNA 测序技术的高通量分析方法和基于 PCR 技术的靶向性分析。比较基因组杂交技术(comparative genomic hybridization，CGH)与基因芯片技术的结合使人们可以更快、更准确地检测基因的扩增或缺失。在一张有成千上万特异 DNA 序列的芯片上，用标记不同荧光素的测试样品和对照样品同时进行杂交，从而快速直观地检测两样品之间基因拷贝数的差异，我们称之为基于芯片的比较基因组杂交技术（array-based CGH，array-CGH）。

基因芯片上的探针可以是基因克隆(如 BAC)、cDNAs、PCR 产物及寡核苷酸。由于 BAC 载体的插入片段长度一般在 150 kb，其分辨率只能达到 50 kb，在大片段 DNA 变异的研究中应用广泛。在 2004 年启动的国际项目“拷贝数变异计划”中，BAC 芯片技术用来全面鉴定 269 个样本中的基因拷贝数变异，最终找到了 1447 个拷贝数变异区域(copy-number variant regions，CNRs)，占人类 DNA 序列的 12%。此外，SNP 分型芯片也可用于拷贝数变异分析，例如，Affymetrix 人类基因组 SNP 6.0 芯片拥有超过 180 万个遗传变异标志物，其中超过 90 万个 SNP 和超过 94 万个用于检测拷贝数变化的探针。

其他类型的基因芯片也可用于高分辨率分析遗传结构变异，如在单个外显子水平检测 CNV 的外显子芯片比较基因组杂交技术(exon array CGH)和长度在 60～100bp 的寡核苷酸芯片技术。其中，代表性寡核苷酸芯片分析技术(ROMA)在全基因组中的分辨率可达 30

kb。ROMA 技术中，基因组 DNA 经限制性内切酶（如 BglⅡ）切割后，通过黏性末端与特定的接头序列相连，然后用通用引物进行 PCR 扩增，检测样品与对照样品的 PCR 产物经不同荧光素标记后与寡核苷酸芯片杂交，所用芯片上的探针是根据预测得到的限制性酶切片段设计的。通过对芯片扫描数据进行分析后得到的拷贝数变异图谱可以帮助我们高精度地检测人类全基因组中的基因扩增和缺失。

尽管基于基因芯片的各种方法可在全基因组水平扫描遗传变异，但也存在一些共有的限制作用，如平衡基因重排、倒置和平衡转置等拷贝数并没有变化的变异情况，且芯片技术不能准确描述基因重排发生的断裂点和精细结构重排等。

2007 年，Korbel 与其同事提出了一种新的大规模高通量的分析方法——配对末端图谱法(paired end mapping，PEM)。方法概述如下：首先将基因组 DNA 剪切成长度约为 3 kb 的片段，片段两端与生物素标记的接头连接后环化，对环化产物随机切割，通过亲和素筛选带有生物素的剪切片段，该片段包括了原来 3 kb 片段的两个末端。然后采用罗氏 GS FLX 454 测序得到配对末端的序列信息，将此序列与人类参考基因组序列比对即可根据方向或长度的不一致找出存在的结构变异，包括大于 3 kb 的缺失、倒置、配对及非配对插入和长度在 2～3 kb 的简单插入。末端配对的方法鉴定几种类型的结构变异如图 2.46 所示。

随着第二代高通量测序技术的诞生，急切需要一种新的方法来利用新技术带来的高覆盖度的短序列寻找结构变异，以期得到更高精度的和更加准确可信的结果。假定测序过程是一致的且被测序的 DNA 片段是完全随机的，则能被比对到参考序列特定区域的短序列数应该服从自然状态的泊松分布，并且能够和参考序列上该段区域出现的次数成比例，因此，基因组上的重复序列可以用这种方法被识别。为了避免测序中对特定区域的偏差等背景噪音带来的影响，现行的方法多是将同类型的变异区整合成一个“簇”(cluster)或者是一个“窗口”(windows)内，这样不仅可以帮助提高结构变异识别的精度和尺度，而且有助于更精确的预测重组位点。常用的算法包括 SegSeq、PEMer、Variation-Hunter、MoDIL 等。尽管基于短序列覆盖度寻找结构变异的方法有着传统 Sanger 法所不可比拟的优越性，如经济、高分辨率等，但它也有不尽如人意的地方。例如，与传统方法相比其寻找重复区域的结构变异时敏感性比较差。另外对这种方法有重要影响的因素是测序时文库的插入片段长度，大片段的文库有助于我们寻找更大范围的结构变异，因此，将来发展的寻找结构变异的方法肯定要考虑结合不同插入片段大小的文库来寻找更广尺度范围的结构变异。

6. 群体遗传学分析 从宏观的角度来讲，进化的单位是群体。研究群体的遗传结构及其变化规律是这个领域最主要的内容，称作群体遗传学(population gfenetics)。随着大量序列数据的产生，从群体的角度来研究物种分子进化的痕迹成为了许多遗传学家、进化学家热衷的课题。这其中，检测自然选择的分子信号是分子进化的重点之一。

在群体中，等位基因频率的变化和固定是群体进化的根本动力。中性学说认为，这个进化过程的主要动力是随机遗传漂变；而选择论者认为，这是由于具体选择优势的突变被固定而形成的。为了检测分子水平上的自然选择痕迹，我们常常以中性选择为零假设，通过设计统计量，检验远偏离零假设的可能，从而鉴定自然选择压力的存在与否。

图 2.47 显示了 8 个带有中性等位基因分离位点的染色体区域(用实心点表示)。灰色染色体是带有优势等位基因(用“圈”表示)的染色体。(b)中是“选择清除”过程中的一个情景。(c)中是“完全选择清除”(complete selective sweep)后的结果。选择清除是指一个新

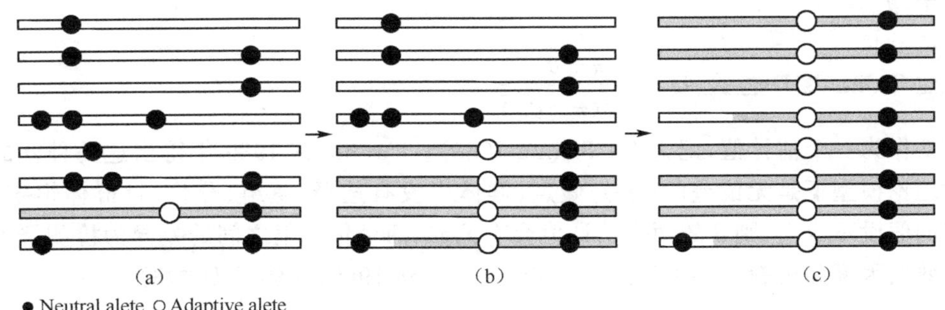

图 2.47 有重组现象的“选择清除”

产生的等位基因，由于具有选择优势，随着其在群体中的频率的增高，从而消除或减少其所不具有优势突变个体中连锁的中性突变位点的一个过程，这个过程有时还会伴随着染色体重组。(a)中实心点表示的染色体代表中性等位基因，灰色染色体带有一个适应性等位基因位点。由于其具有选择优势，即适合度较高，在群体中的频率就会升高，直到其完全固定(图 2.48)。

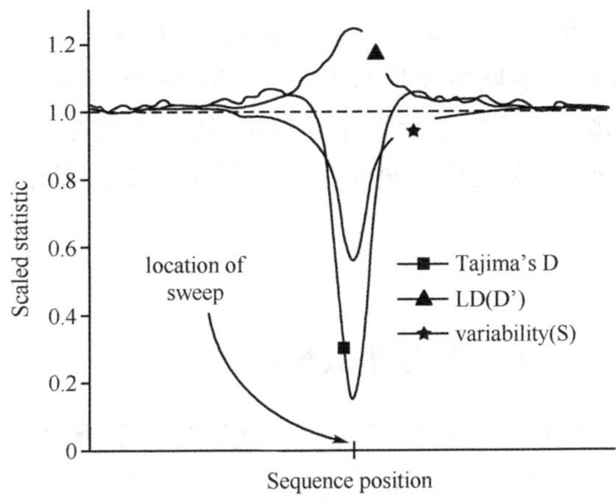

图 2.48 遗传变异中 selective sweep 的影响

在中性进化学说提出后，一系列针对中性假说的检验方法逐渐被提出来，这些方法都是以 DNA 样本的各种特征为切入点，通过计算相关的统计量或者与相关的模型进行比较，来检测群体是否经历了正选择。这些方法包括 Watterson 的纯合性测试(Homozygosity test)、采用卡方检验的 HKA 测试、基于突变频率分布的 Tajima's D 检验、Fu and Li's D、Fay and Wu's H，基于非同义突变和同义突变比例的 ka/ks 检验(http://www.chinagene.cn/yc/qikan/manage/htmlwenzhang/9-028.htm - r1#r1)和 M. K. 检验、基于群体结构的 FST 检验等。

这里以中性检验 Tajima's D 为例，简单描述一下如何在分子水平上检测自然选择的痕迹。

首先要构建统计量。这里主要基于种内多态性中几个常见的参数衡量：分离位点数 K，任意两序列之间核苷酸差异的平均数 Π。我们知道，在随机交配群体中，一个符合中性条件的基因的遗传变异度有 $\theta=4N\mu$ 来决定(N 为有效群体大小，μ 为每一代的突变率)。有两种常用的方法估计 θ：

第一种是在 n 条序列的样本中，多态性位点数 K，其期望值为：

$$E(\Pi)=\pi$$

第二种是对 n 条序列的任意两条序列比较后得到核苷酸差异的平均比例的期望值 θ：

$$E(K)=\alpha_1\theta_w$$

$a_1=\sum_{i=1}^{n-1}\frac{1}{i}$，$n$ 为所研究样本数目。

其中：$\theta_w = \frac{K}{a_1}$

构建 Tajima's D 检验：$D = \frac{\pi - \theta_w}{\sqrt{V(\pi - \theta_w)}}$

把 θ 作为一个估计值，记为 θt(Tajima 1983)。Tajima 在 1989 年得出这两种 θ 的估计在中性理论模型下是无偏差的(事先假定，群体中没有选择、重组、分化，且群体恒定)。如果模型的假设不成立，则 θ 的两个估计值会有偏差，两个估计值之间的差异为检测严格中性模型失效的因素和机制提供了信息。Tajima(Tajima 1989)构建了 D 检验。

$$D = \frac{\pi - \theta_w}{\sqrt{V(\pi - \theta_w)}}$$

这里，V 为求方差。在失效的中性模型中，mean(D)＝0，Var(D)＝1。Tajima 建议采用标准正态分布和 β 分布来确定 D 是否显著不同于 0。然后，通过 Computer simulation (蒙特卡罗随机模拟)，发现 D 值的分布并非左右对称的正态分布，反而与 β distribution 比较接近。所以实际操作过程中，用 β 曲线来拟合 D 值曲线，最后利用 K 和 Π 的特征差异，检测 DNA 是中性进化还是受到了自然选择作用。

四、序列数据库

(一) 生物分子数据库

任何科学研究都离不开数据的支撑，随着测序技术的迅速发展和新一代测序技术的涌现，生物分子学迎来了数据大爆炸的时代！华大基因平均每天的最大测序通量超过了 7TB (1TB＝1024GB)，人类已知的 DNA 数据正在疯狂膨胀，如图 2.49 是著名的基因数据库 GenBank 在 1982～2008 年的数据统计，碱基数和序列数都呈指数级增长。

然而，有了如此庞大复杂的数据，面对几乎毫无规律可循的数据，如何才能在探索生命的征途上寻找路标和方向？

建立生物分子数据库就是解决这个问题的有效方法。举个简单的例子，人类基因组约 30 亿个碱基对，20 000 多个基因，这些数据存储空间可以容纳上千万首 MP3 歌曲，假设每首歌就是一个基因，在这上万首歌中该如何找到想要的那首歌曲呢？在 KTV 中的点歌系统，只要知道歌曲名称(基因 ID)，或者歌词(基因序列)，即可通过歌曲名称或歌词在系统中查找，这就是一个简单的数据库系统。

生物分子数据库由国际上专门的机构建立和维护，负责收集、组织、管理和发布生物分子数据，它最基本的功能是数据检索，可以找到相关基因的原始序列，功能等一切信息，此外，大部分数据库都提供了强大的比对分析工具，向研究人员快速而准确地提供大量信息，以满足在研究中的各种需求。

(二) 生物分子数据库的功能与使用

当一个研究人员通过实验得到一条序列时，首先希望知道是不是发现了新的基因，或者是不是发现了基因的新功能！接着还希望知道数据库中是否能找到同源序列，是否有基因注释，如果能得到这些信息，无疑将有助于进一步的研究工作。因此，对于现代分子生物学研究人员来说，数据库查询和搜索是经常要做的工作，它已经成为现代生物学研究的一

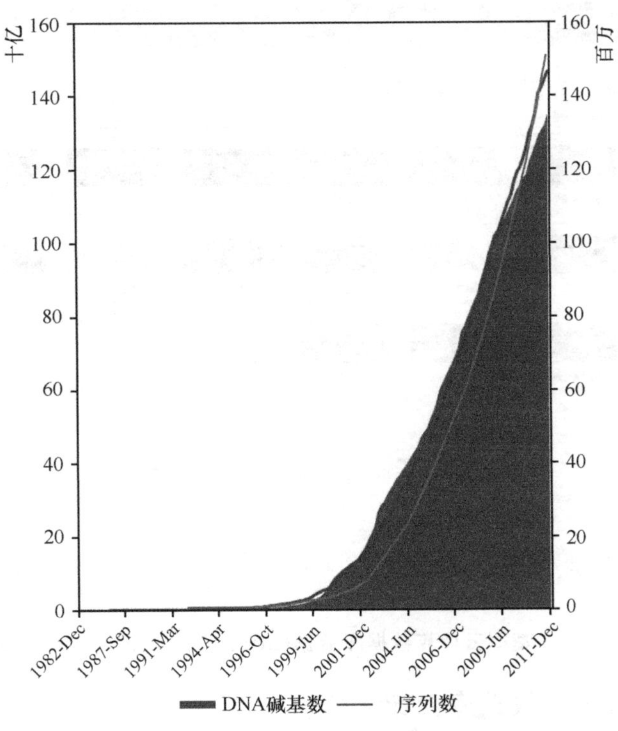

图 2.49　GenBank 数据统计

个组成部分。

由于数据库中的数据量快速膨胀。快速方便地利用各种数据，从海量的数据中快速而准确地筛选出目标信息，是数据库系统的一个挑战。作为数据库最基本的功能，它既有赖于高性能的硬件系统，也必须规定合适的数据存储格式，开发高效的搜索算法。

在生物分子数据库中，一个数据库记录(entry)一般由两部分组成：原始数据(data)，以及描述这些数据的生物信息注释(annotation)。对此，数据库搜索方式一般有两种，一种是基于序列的搜索，用户给定一个查询序列，要求与数据库中所有的序列进行比较，以获得相似序列或者同源序列；另一种是基于正文的查询，即根据关键字、标识符、数据特性进行查询。很显然，根据序列进行搜索的计算量是相当大的。因此大部分数据库系统都配备了相应的搜索查询工具。

(三) 生物分子数据库的发展特征

伴随着生物分子时代的来临，数据更新速度快，数据量指数增长。近年来核酸序列数据每 14 个月就增长 1 倍；数据信息量和复杂度增大，数据库中除了基本数据之外，还包括大量的注释、高级结构、翻译后修饰、序列变化、参考文献等信息；还需要实现数据库网络化共享。几乎所有的生物分子数据库都可以在国际互联网上访问，并且公共数据库之间相互链接，使用户可以迅速得到大量的相关生物分子信息。另外，为了适应数据的增长速度，提供给用户快速的检索分析工具，许多数据库服务器已从工作站升级到大型服务器，并结合了先进的计算机技术，实现了网络化，比如华大基因目前已建立了云计算平台并整合了大量数据库数据(图 2.50)，使数据库能够高效地管理数据和为用户服务，并在专门的硬件上运行服务程序。

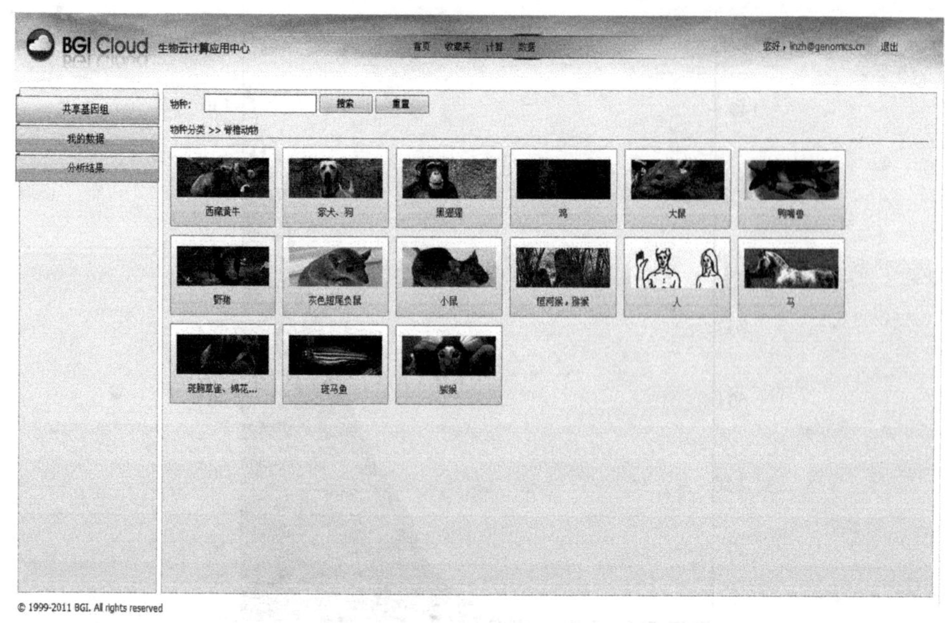

图 2.50 华大基因云计算数据库数据(http://cloud.genomics.org.cn)

(四) 主要生物分子数据库介绍

1988 年,美国的 Claude Pepper 意识到计算机化信息处理方法对生物医学研究有重要作用,于 1988 年 11 月 4 日发起并建立了 NCBI(National Center for Biotechnology Information,国家生物技术信息中心)。随后,生物信息技术快速发展,世界各地的许多研究机构也分别建立起自己的数据库。NCBI 的创立和发展促进了全世界范围内生物技术信息的收集与合作,可以说,它的发展是生物信息学的一个缩影。

一般地,生物分子数据库可以分为初级数据库与二级数据库,其中二级数据库在初级数据库的基础上加工而成的。对于生物信息研究人员来说,初级数据库是最原始最基本的数据来源,按照处理对象分类,初级生物分子数据库主要有 4 种类型:核酸序列数据库、基因组数据库、蛋白质序列数据库和生物大分子结构数据库。不同类型的数据库功能也不相同,研究人员可以根据自己的分析需求和应用选择相应的数据库进行检索分析。

1. 核酸序列数据库 核酸序列是研究生物体结构、功能、发育和进化的最基本序列,大多数研究分析也是从核酸序列开始的。美国 NCBI 的 GenBank 是国际权威的核酸数据库,为了区域发展以及数据安全,欧洲分子生物学实验室的 EMBL-Bank(简称 EMBL)和日本遗传研究所的 DDBJ 与 NCBI 建立起合作关系,成为目前世界上三大核酸数据库,这 3 个组织相互合作,每天交换新数据,数据基本一致。它们是综合性的 DNA 和 RNA 序列数据库,其数据来源于世界各地的研究机构和核酸测序小组以及科学文献。

用户可以通过各种方式向这 3 个数据库中提交核酸序列,数据库中的每条记录代表一个单独、连续、附有注释的 DNA 或 RNA 片段。这种国际性机构的合作项目使得这 3 个数据库中的数据不断充实,数据信息不断增加。

2. 基因组数据库 基因组数据库其实就是综合某个特定物种的生物信息数据库。目前,除了人类基因组以外,已经测定的其他模式生物的基因组有大肠杆菌、啤酒酵母、线虫、果蝇、拟南芥、狗、小鼠等。此外还包括 1000 多个病毒基因组、100 多个微生物基因组以及部分真核生物基因组。由此而产生的序列数据已经大量涌入公共的核酸序列数据库。这些数据对于认识基因组信息组织的奥秘、了解生物体生长发育的规律是非常重要的。

为了便于研究者进行基因组研究工作，浏览某个特定物种的基因组数据信息，国际各研究中心开发建立了各种已知物种的基因组数据库，并且提供基因组数据浏览工具，利用这些工具，用户可以很方便地得到所需要的数据。图 2.51 所示是华大基因建立并维护的第一个亚洲人基因组——“炎黄一号”的基因组数据库浏览器。

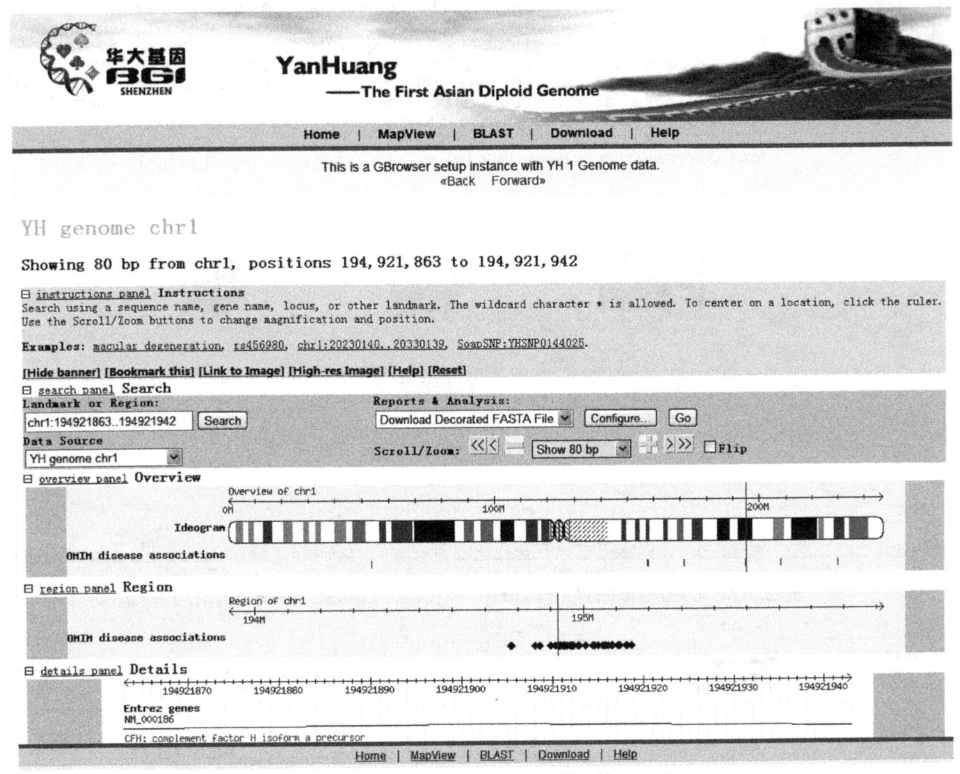

图 2.51 “炎黄一号”的基因组数据库浏览器(http://yh.genomics.org.cn/mapview.jsp)

3. 蛋白质序列数据库 蛋白质是由 DNA 翻译生成的，我们可以根据基因组序列预测基因编码区域，并推测其产物，即蛋白质序列。因此，随着核酸序列数据的不断增长，蛋白质序列也在不断增加。蛋白质序列数据库的建立能够帮助研究者鉴别和解释蛋白质序列信息，研究分子进化、基因功能，进行基因组学和蛋白质组学的生物信息学分析。

历史上蛋白质数据库是先于核酸数据库出现的。早在 1960 年左右，Dayhoff 和他的同事们便开始搜集了当时所有已知的氨基酸序列，并编著了《蛋白质序列与结构图册》。这就是蛋白质信息资源数据库 PIR(Protein Information Resource)的最初原型。

目前，欧洲生物信息学研究所 EBI 将 PIR 、SWISS-PROT 和 TrEMBL 3 个蛋白质数据库统一起来，建立了一个蛋白质数据仓库 UniProt(Universal Protein Resource，图 2.52)。

4. 生物大分子结构数据库 在生物学研究中，分子结构显得尤为重要，通过结构分析了解分子的功能、作用机制、进化历史等。目前，国际上最主要的生物大分子结构数据库是 PDB(图 2.53)。PDB 中含有通过实验测定的生物大分子的三维结构，其中主要是蛋白质的三维结构，还包括核酸、糖类、蛋白质与核酸复合物的三维结构。

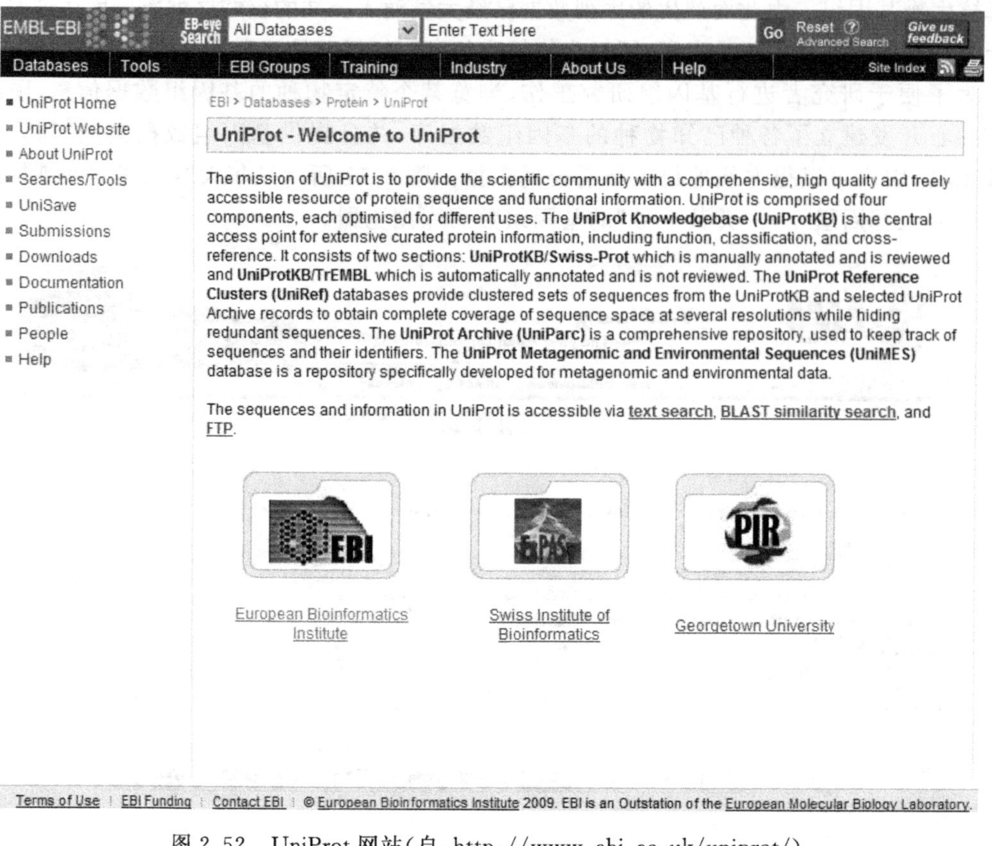

图 2.52　UniProt 网站(自:http://www.ebi.ac.uk/uniprot/)

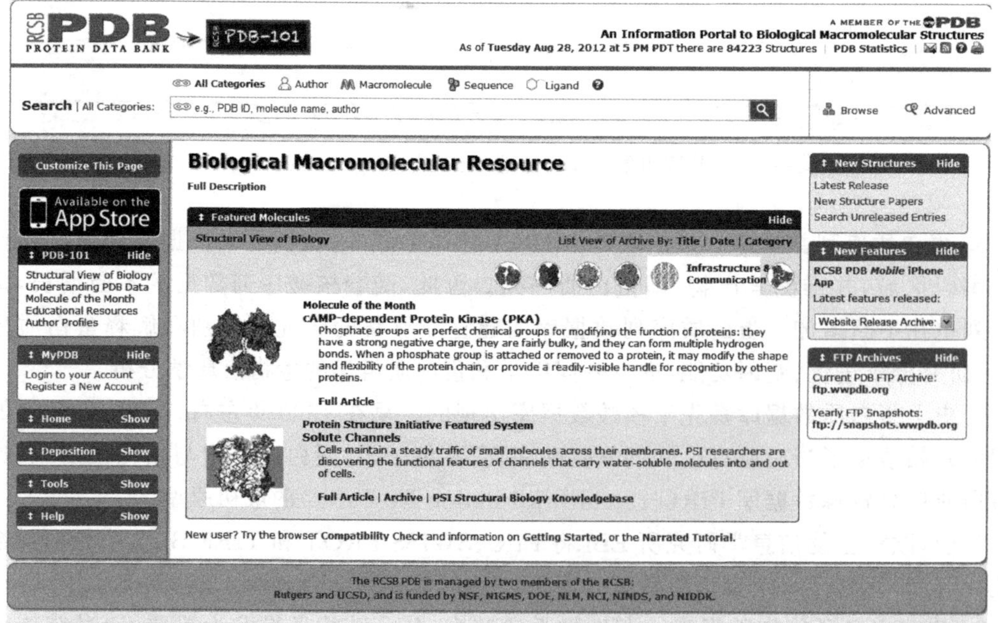

图 2.53　生物大分子结构数据库 PDB(http://www.rcsb.org/pdb/home/home.do)

（五）生物数据库的挑战与未来

虽然技术的发展促成了数据的大量产出，但如何从这些基本的序列中挖掘隐藏在数据背后的信息？如何从核酸数据找到功能基因，将序列与功能统一？如何从数据大爆炸的时代避免信息贫乏，避免被数据淹没？

科学家们普遍认为，21 世纪初的这几年，生物信息学正处于起步阶段，并伴随着计算机技术的发展，数据存储和分析能力有了极大的提高，生物信息学所带来的经济效益和商业前景十分可观。在国际互联网上利用国际生物信息数据库资源不断采集数据进行分析，发现线索，指导实验设计，可以合理避免不必要的重复实验，节约研究成本，提高实验效率。相信在这个神秘的数据海洋里，充满了知识的发现，人类将再次迎接挑战，继续推动生命科学更大的进展。

五、软硬件配置

基因组学以高通量测序技术为引领，以高性能计算技术为支撑，具有大科学、大工程性及多学科交叉性的特点。从近年来基因组学的蓬勃发展中，可以清楚地看到基因组科学的发展必须遵循以 BT＋IT 为技术支撑，基因组大科学为引导，产业革命为目的的发展模式。这也意味着基因组科学大科学工程目标的完成必须要有高通量，工业化的大平台（核酸分析平台、生物信息分析平台和高性能计算平台）作为支撑。以华大基因的基因组技术平台为例进行介绍。

（一）核酸分析技术平台

遵循基因组学的发展规律，华大基因建立了世界一流的新一代测序技术平台，现有 Illumina HiSeq2000 测序仪 137 台，ABI SOLiD 4 测序仪 25 台，同时也拥有其他高通量测序仪 RocheGS FLX System 454 及传统的测序平台 ABI 3730xl DNA Analyzer。日最高测序通量为 7TB。而基于此高通量的测序平台，针对从 DNA 水平到 RNA 水平的研究，华大基因建立了一系列的技术平台。

1. 全基因组测序技术平台 无需构建各类复杂的遗传图谱和物理图谱，新一代测序技术就能根据基因组的重复序列等组分特点，构建不同长度的插入片段文库进行测序，基因组图谱的绘制分为框架图和精细图两个阶段，整体测序深度在 60×时，就可以保证单碱基的准确性和基因组的完整性。华大基因全基因组测序平台可以进行从 200bp、500bp 到 2kb、5kb、10kb 不同梯度插入片段的双末端测序，根据实际数据产出以及基因组组分分析情况制定科学的文库构建方案。多种长度的插入片段文库，特别是大片段文库的双末端测序，在组装时可以跨过各种大小的重复序列，是新一代测序技术成功完成基因组图谱的有力保障。再加上自主开发的组装分析软件，高效准确地拼接组装海量数据，最终完成全基因组图谱的组装和分析。

2. 数字化表达谱技术平台 基因转录水平的研究是基因组学和医学研究的基础。Illumina HiSeq2000 测序仪能够对特定的组织/细胞中的基因表达标签高通量并行测序。实验时将样本总 mRNA 反转录成 cDNA，酶切处理后将所得到的 3′近端的 21bp Tag 片段文库进行高通量测序，得到大量的 Tag 序列信息。可以直接对任何物种包括未知基因在内的全基因组表达谱分析，从而对基因、基因表达水平以及样品间基因表达差异等进行研究。

华大基因的数字表达谱技术平台使用 Illumina HiSeq2000 测序仪对全基因组的基因表达丰度进行检测。数字化基因表达谱测序从文库制备到测序的完成只需要 6 天，每个样本可得到 2.5 million 以上的表达标签信息。新一代测序技术的数字化信号检测方式，大大提高了数据的准确度和可重复性。其高灵敏度和高精确性，能成功检测表达差异较弱的基因和低丰度基因，同时还可发现新的转录本、基因组表达调控区域、差异聚腺苷化及反义转录本等。

3. DNA 序列捕获技术平台 华大基因现建有 DNA 序列捕获技术平台，该平台使用高密度、长探针的芯片达到目标区域捕获目的。NimbleGen 公司是第一个提出商业化目标序列捕获技术的公司，平台现有 6 台 NimbleGen Hybridization System，每张 NimbleGen HD2 芯片能同时捕获约 3400 万个目标碱基，能同时完成 72 个样品的目标区域捕获实验。除此以外，Agilent 公司的液相探针杂交平台也已经建立。目标区域测序平台与国际上在这一领域技术领先的单位有密切的合作，与国际上的技术进展完全同步，一系列目标区域测序新技术正在加紧研发中。

4. 小 RNA 分析技术平台 小 RNA(microRNA)是生物体内一类重要的基因调控因子，可以诱导基因沉默，调控细胞生长、发育、基因转录和翻译等重要生物学过程。华大基因已经成熟地开展了用 Illumina HiSeq2000 测序仪对细胞或者组织中的全部 small RNA 进行深度测序及定量分析等研究的技术平台。实验时首先将 18～30 nt 范围的 small RNA 从总 RNA 中分离出来，两端分别加上特定接头后体外反转录做成 cDNA 再做进一步处理后，利用测序仪对 DNA 片段进行单向末端直接测序。

从样品制备到测序完成的整个实验过程只需 10 天，每个样品可得到 2.5 million 以上的 small RNA 序列。通过 Illumina GA 测序仪对 small RNA 大规模测序分析，可以从中获得物种全基因组水平的 miRNA 图谱，实现包括新 miRNA 分子的挖掘，其作用靶基因的预测和鉴定、样品间差异表达分析、miRNAs 聚类和表达谱分析等科学应用。

5. 表观基因组学技术平台 在基因组范围内，对 DNA-蛋白相互作用位点和表观遗传信息的获取对于理解转录的网络调控的内在机制非常重要。核小体定位、DNA 修饰和组蛋白修饰的相互协同作用，指导着基因的转录调控和发育分化过程，这些因素通过改变染色质的结构直接影响基因的表达。最近的科学发现揭示了染色质和转录的动态特征，尤其是表观遗传特征对细胞分化发育和疾病影响的研究日趋升温。华大基因的表观遗传学技术平台包括 ChIP-Seq(染色质免疫共沉淀)和 DNA 甲基化两个部分。ChIP-Seq 平台采用高通量的新一代测序技术为表观遗传学研究提供了一套全新的研究思路，研究者通过基于新一代测序技术的 ChIP-Seq 可以获得全基因组范围内转录因子、DNA 甲基化、组蛋白各种修饰的高分辨率分布图。DNA 甲基化平台包括用亚硫酸氢盐法检测 DNA 甲基化位点，用 MBD 蛋白和 MeDIP 技术富集甲基化 DNA 并测序等方法。用亚硫酸氢盐处理 DNA 后，C 碱基被转换成 U 碱基，而发生甲基化的 C 碱基则维持不变。在随后进行的 PCR 扩增过程中，U 碱基被替换成 T 碱基。因此，亚硫酸氢盐的处理会反映出单个 C 碱基的甲基化状态。亚硫酸氢盐法与高通量的测序方法结合后，能够无偏向性地提供全基因组范围内的甲基化位点信息。

6. 宏基因组等技术平台 在华大基因的宏基因组学(metagenomics)平台，目前正在实施的最大项目是 MetaHIT。MetaHIT 是欧盟第七次框架计划的重要组成部分，这一项目致力于研究构成人肠道微生物群落所有细菌的基因组，明确它们的功能并找到它们与宿主健康之间的联系。目前的研究重点既包括单个细菌的基因组，又包括宏基因组。诸如测序、组装、物种丰度的注释与量化、不同群落的比较和分析、基因表达等。该项目第一阶段成果已于 2010 年 4 月以封面文章形式发表在 Nature 杂志上。除此以外，华大基因还在食品微生物、环境微生物等宏基因组学研究方向上有重要的突破。

（二）生物信息分析平台

华大基因生物信息中心以支持海量基因测序为目标，主要负责大规模基因组学数据的处理、分析及深层开发，以生物学和生物医学为研究重点，涵盖基因组注释、分子进化和遗传关联分析等研究领域。该中心一直致力于具有自主知识产权的软件和计算能力的开发与提升，多年来拥有了大量软件著作权。Short Oligonucleotide Analysis Package（SOAP）系列软件包是其针对新测序数据自主开发的各类通用生物信息软件，涵盖了 Illumina 目前所有高通量测序技术下进行的信息分析，并已得到了全世界同领域科学家的认可。SOAP-DNA 系列为 SOAP 中的一类（http://soap. genomics. org. cn/soapdenovo. html）。本书将以此为例，对新一代分析软件进行介绍。

SOAP-DNA 系列目前发布的工具主要包括 SOAPaligner/soap2、SOAPsnp、SOAPdenovo、SOAPsv 等。按照它们的应用范围，可以将它们划分为 3 类软件：组装软件、比对软件、变异分析软件。

1. 组装软件 组装基因软件 SOAPdenovo 是 SOAP-DNA 系列提供的一种短片段组装组装基因软件。早期的序列组装通过片段重叠的方法来实现，但是单纯通过重叠的方法组装不仅会产生错拼（比如基因组上的重复片段），而且很难组装出长序列。而采用 de Bruijin 图能有效改进上述问题，SOAPdenovo 正是基于这种先进的理念，采用 de Bruijin 图来实现组装，图 2.54 是常用的组装流程。当然，除了 SOAPdenovo 以外，还有其他的组装软件，如 Velvet。不过采用 Illumina 公司 Solexa 测序原理，可以用 Velvet 把小的片段拼接成较长的 contigs，但是 contigs 之间并不能拼接成更长的序列。而华大基因自主开发的 SOAPdenovo 软件可以实现基因组的拼接，由 reads 先拼成 contig 再拼成 scafflod，然后可以用补漏软件进行补漏。

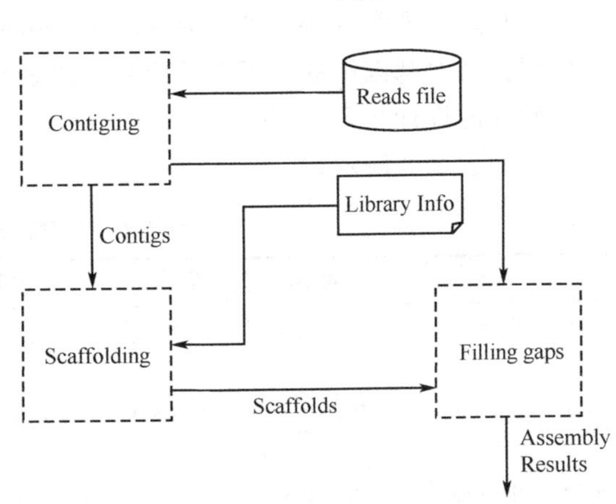

图 2.54 组装流程图

在生物信息学领域中，如何将短的基因组测序序列拼接成一个完整而正确的参照基因组是一个巨大的挑战。华大基因致力于以可接受的成本，在新一代测序技术产出的短序列基础上重现正确的基因组序列。自动化测序仪的发展引发了基因测序领域中的一场新革命，但是这些技术似乎仅局限于重测序和新转录本的发现。我们在实例中已经证明运用 Solexa 序列进行重新组装的可行性。目前，华大基因运用自主研发的 SOAPdenovo 软件根据基因组的不同特性进行针对性的组装，基因组拼接项目包括黄瓜基因组、土豆基因组、大熊猫基因组等，其中多个研究成果已被相继报导。在 2009 年 11 月 1 日，著名的 Nature Genetics 杂志在线发表了世界第一个蔬菜作物的基因组测序和分析的黄瓜基因组论文（Huang，et al. 2009）。在 2009 年 12 月 13 日，Nature 杂志刊登了华大基因、成都大熊猫繁育研究基地和中国保护大熊猫研究中心参与的合作研究成果“大熊猫基因组”(Li, et al. 2010)。

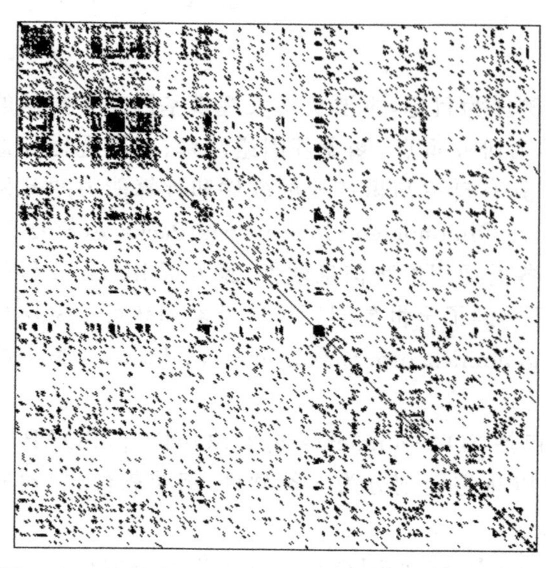

图 2.55 转录本(GenBank NM_002383)自身比对的点图

2. 比对软件 判断两条基因或者两段基因组片段是否相似是序列分析的基本工作。从序列数据库搜索、序列拼接到基因蛋白质功能预测,以及进化树构建等,都依赖于分子序列相似性比较。两个物种从同一个祖先分化后,其相对应的DNA序列将各自发生一些替换或插入缺失突变,也就是说序列不再精确相同,这就需要使用一些巧妙的方法评价序列的相似性。点矩阵的评价方式(图 2.55)是简单而有意义的方法,尽管在大范围的比对中很耗时间。SOAPaligner/soap2是短核苷酸比对软件soap1的升级版,新版采用BWT算法能够更快速精确的为Illumina/Solexa分析仪生成的大量短片段提供比对结果。只需2分钟它就能将一百万条单片段比对上人类参考基因组上去。同时,更有意义的是SOAPaligner支持的片段长度范围有了很大的提高。

序列比对对基因组的分析有着重要的里程碑式意义,故而全球众多团队与组织都致力于比对软件的设计与开发,如Eland、MAQ、SegMap、soap1、BWA、Bowtie、soap2等,它们之间的比较如表 2.6 所示。

表 2.6 序列比对软件比较

	平台	功能	优点	限制	利用	注释	开发单位
Eland	Illumina	PET 比对等	快,负载轻	32bp(SE)	对机器购买者公开源码	第一代比对软件	Illumina
MAQ	Illumina;SOLiD	PET 比对等	功能强大	≤28bp;无Gap比对(SE)	公开	使用范围较广的软件	Sanger 研究所
ZOOM	Illumina;SOLiD	PET 比对等	快,功能多	≤24bp;有Gap 比对	商业		
soap1	Illumina	PET 比对等	功能多,强大	内存耗费大	公开	第一款发布发布的比对软件	华大基因
Bowtie	Illumina	PET 比对	速度快		公开		
soap2	Illumina	PET 比对等	速度快,功能强大		二进制公开		华大基因
BWA	Illumina;SOLiD;454;Sanger	短片段 PET 比对等	很快	错误率高	公开		

SOAPaligner在实际中也得到了广泛的运用,并且得到了很好的效果。2009年8月28

日，由深圳华大基因研究院与西南大学合作的研究成果“40个基因组的重测序揭示了蚕的驯化事件及驯化相关基因”在国际著名学术杂志 Science 上发表，这是两家单位自2003年以来在家蚕基因组研究领域取得的又一项重要成果。

3. 变异分析软件 人类遗传变异被 Science 杂志评为2007年世界十大科技突破之一。近年来的研究表明人类基因组存在大量变异，研究这些变异不仅有助于解释许多复杂疾病和个体性状的遗传学机制，也加快了个性化用药的步伐。根据发生突变的碱基数目，遗传变异可分为单核苷酸多态性（single nucleotide polymorphisms, SNPs）和结构变异（structural variations, SVs）。

SOAPsv 是一个用来分析结构变异的软件，它有处理未知物种和重测序分析两种方法，同时支持多种类型片段。其他通行的方法有 Fosmid、PEM 等。而 Fosmid 主要支持大片段，PEM 主要支持小片段。

同样，SOAPsv 在各个项目的实际应用中也起到了很大的作用。

在结构变异分析软件中，除了 SOAPsv 以外，还有一个重要的成员是 SOAPsnp。SOAPsnp 是一种重测序分析方法，这种方法能基于测序数据与已知参考序列的序列比对，组装出一个新个体的基因组序列。这样就可以对新基因组和参考序列的比较来确定 SNPs。在第一个亚洲基因组重测序项目中，SOAPsnp 对 Illumina HapMap 100万微珠芯片基因分型结果的估算显示非常精确。超过99%的基因分型位点被覆盖，并且拥有超过99.9%的一致性。而之后对不一致的 SNP 位点的 PCR 和 Sanger 测序证实了绝大部分的 SOAPsnp 结果的准确性。SOAPsnp 使用贝叶斯定理为基础方法来寻找基因分型，同时慎重考虑数据质量、比对和实验误差。

另外，作为一款成熟的序列比对分析软件，SOAP 也可以针对 RNA 领域的研究发挥作用。这是因为，除了基因组测序，高通量测序技术也在别的领域产生了广泛的应用。对于某些应用（如 ChIP-Seq 等），数据分析过程与重测序基本相同。此外，SOAP 还为小分子 RNA 的发现和 mRNA 标记分析提供了特殊的模块。小分子 RNA 的大小在18～30bp之间。根据实验规程，RNA 序列的3′端会加上接头序列。SOAP 会过滤掉接头序列，将剩下的 RNA 序列与参考序列比对。如果一条小 RNA 序列检测到了接头序列并且插入序列与参考序列比对良好，这条小 RNA 就被注释了。考虑到测序误差，用户可指定允许接头序列或 RNA 序列中存在一到两个碱基的错配。在 mRNA 标签测序中，有两种类型的酶切：①DpnⅡ，专门识别“GATC”位点并在下游16bp处酶切；②NlaⅢ，只识别“CATG”位点，并在下游17bp处酶切。SOAP 会根据内切酶的种类剪切并修饰3′端接头序列。比上的序列必须包含酶切位点，并且在标签范围内至多只能有1个错配。

目前，华大基因针对不同的应用范围还开发并投入使用了 SOAP 系列的软件有 SOAP-Epigenome 和 SOAP-Metagenomics，均受到了国际同行的关注和高度评价。

（三）高性能计算平台

随着测序能力不断提升，测序成本不断下降，后续的数据分析对于存储空间和计算能力的需求也在呈指数增长。目前，生物信息数据的存储计算需求每12～18个月就会增长10倍，远远高于 Moore 定律提供的参考数值（图2.56）。在生物信息大爆炸的宏观背景下，相关机构对计算硬件资源的投入也在不断攀升。

华大基因的高性能计算平台以实现超大规模生物信息学计算为中心任务，在高效能计算、云计算服务等领域不断拓展技术疆界，拥有数个大型生物信息学超级计算中心，总峰值计算能力达到 157 T flops，总内存容量达到 33.3 TB，总存储能力达到 12.6 PB，并自主研发了多项拥有自主知识产权的软件系统。

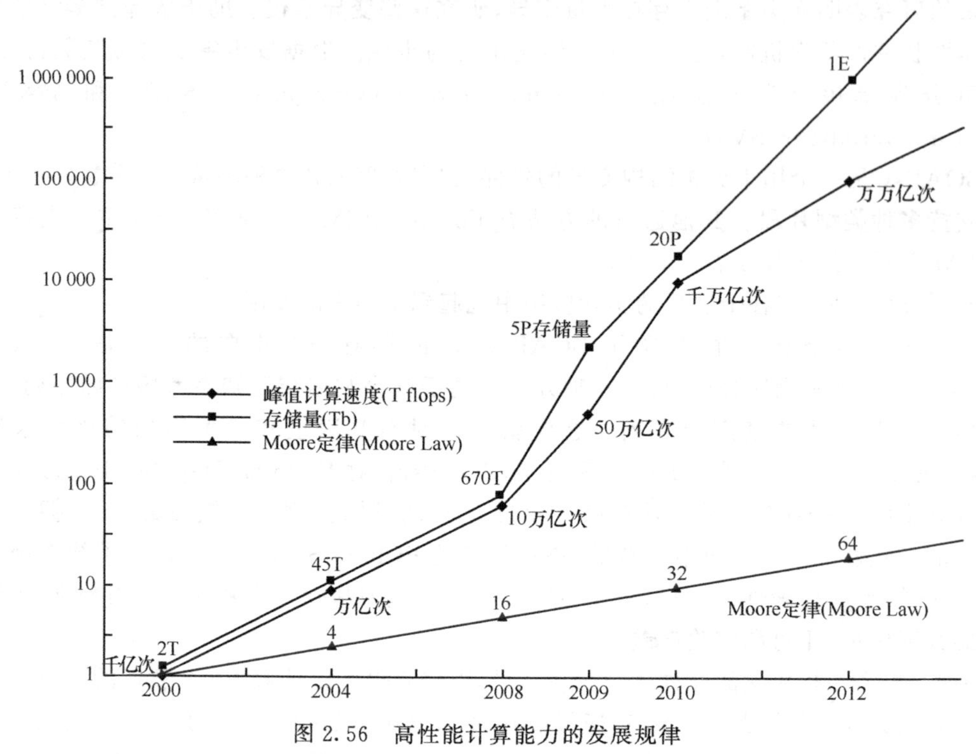

图 2.56　高性能计算能力的发展规律

第四节　本领域当前急待解决的关键技术问题

一、大基因组 *de novo* 组装算法设计与软件开发

组装是进行基因组分析的第一步，也是目前基因组学发展的最大瓶颈之一。

首先，随着测序技术的不断更新，组装也不断面临着新的挑战。基于第一代 Sanger 测序技术的组装主要依靠序列间的 overlap 把互有重叠的序列连成长的 contig，而基于更低成本，更高通量的第二代测序技术产出数据，单次测序 reads 读长仅为 100bp 左右，这大大减少了可用于 overlap 分析的碱基数，增加了组装的难度，也使得组装过程中重复序列的问题更加显著。为了保证组装的准确性，以牺牲数据量作为补偿。基于第一代测序技术的“人类基因组计划”使用了人类基因组大小约 7～8 倍的数据量，得到了较好的组装结果。而基于第二代测序技术的第一个亚洲人基因组图谱（“炎黄一号”），则使用了 36 倍人基因组大小的数据，才能得到较好的组装结果，数据量较第一个人类基因组测序增加了 4 倍，这就对组装的算法所需的时间复杂度和空间复杂度提出了更高的要求。

其次，不同的物种，根据其本身基因组的特点，有着不同的组装难题。重复序列一直是组装的最大难题之一，而很多植物基因组有着大片段的重复序列簇，单次测序的碱基读长，甚至是长插入片段的 pair-end 都很难跨过，使得组装结果大多较碎。另外，高杂合的基因组组装效果也非常的不理想，算法设计上必须综合考虑 overlap 匹配程度和组装结果的准确性，至今仍没有很好地解决方法。

此外，还在尝试通过改进实验的方法来解决高杂合基因组的问题。采用“fosmid-to-fosmid”建库方法，保证 40kb 左右的序列来自同一条染色单体，解决杂合率高的问题。

二、大基因组注释核心技术开发

基因组注释主要包括四个研究方向：重复序列的识别，非编码 RNA 基因的预测，蛋白质编码基因和结构的预测，以及基因功能的注释。

(一) 重复序列的识别

获得组装好的基因组序列后，首先预测基因组中的重复序列和转座子元件。一方面，采用 RepeatScout、LTR-finder、Tendem Repeat Finder、Repeatmoderler、Piler 等从头预测软件预测重复序列。为了获得从头预测方法得到的重复序列的类别信息，把这些序列与 Repbase 数据库比对，将能够归类的重复序列进行分类。另一方面，利用 Repeatmasker 识别与已知重复序列相似的重复序列或蛋白质序列。通过构建 Repbase 数据库在 DNA 水平和蛋白质水平的重复序列，Repeatmasker 能够分别识别在 DNA 水平和蛋白质水平重复的序列，提高了识别率。

然而现阶段重复序列的识别工作仍有很多难题。一方面，第二代测序技术测序基因组，有成本低、速度快等优点；另一方面，由于目前产生的读长(reads)较短、基因组序列采用 kmer 算法进行组装，高度相似的重复序列可能会被压缩到一起，影响对后续的重复序列识别。然而，某些高度重复的序列用现有的组装方法难以组装出来，成为未组装 reads(unassembled reads)。未组装的短片段 reads 重复度更高，识别其重复区域具有较大难度。有必要同时分析未组装 reads 以得到更为完整的重复序列分布图。华大基因已开发了 ReAS 软件，专门用于识别未组装 reads 中的重复序列，该软件用于处理传统测序技术(如 Sanger 测序)生成的较长片段的 reads。

(二) 非编码 RNA 基因的预测

利用 Rfam 家族的协方差模型，一般采用 Rfam 自带的 Infernal 软件预测 miRNA 和 snRNA 序列。由于 rRNA 的保守性很强，为此用序列比对已知的 rRNA 序列，识别基因组中的 rRNA 序列。tRNAscan-SE 工具中综合了多个识别和分析程序，通过分析启动子元件的保守序列模式、tRNA 二级结构的分析、转录控制元件分析和除去绝大多数假阳性的筛选过程，据称能识别 99%的真 tRNA 基因。

值得注意的是，基因组中很多序列由非编码 RNA 基因复制而来，与非编码 RNA 基因序列相似，但不具有非编码 RNA 基因的功能，因此识别非编码 RNA 基因中的假基因会大大提高基因组注释的准确性。目前采用的非编码 RNA 基因序列的预测方法都是基于序列比对和结构预测，不能够很好地去除这类非编码 RNA 的假基因。针对这个问题，可考虑结合 RNA 表达信息如 RNA-Seq 数据进行筛选。

(三) 蛋白质编码基因和结构的预测

基因结构预测主要通过序列比对结合从头预测方法进行。序列比对方法采用 blat 和

pasa 等比对方法，将基因组序列与外部数据进行比对，以找到可能的基因位置信息。常用的数据包括物种自身或其近缘物种的蛋白质序列、EST 序列、全长 cDNA 序列、unigene 序列等。这种方法对数据的依赖性很高，并且在选择数据的同时要充分考虑到物种之间的亲缘关系和进化距离。基因从头预测方法则是通过搜索基因组中的重要信号位点进行的。常用的软件有 Genscan、SNAP、Augustus、Glimmer、GlimmerHMM 等。同时采用多种方法进行基因预测将产生众多结果，因此最后需要对结果进行整合以得到一致的基因预测集合。常用软件有 Glean、EVM 等。

目前，真核生物的基因结构预测方法仍有较大改进空间，主要面临以下的技术难点：①如何利用现有的数据和算法，更好地识别基因的可变性剪切位点。②随着测序工作的进展，许多目前研究较少的物种也将提上测序日程。大多数基因结构的从头预测算法需要预先训练预测参数。现有资源和数据稀缺的物种将很难获得预测参数。③克服组装错误对基因结果预测的影响。④建立基因结构预测的评价系统。可变性剪切位点的预测较为困难。如何结合 RNA-Seq 数据进行可变剪切预测将是重要的工作方向和难点。

(四) 基因功能的注释

目前，常用四个常用的数据库进行基因功能注释。使用的数据库有 Uniprot 蛋白质序列数据库、KEGG 生物学通路数据库、Interpro 蛋白质家族数据库和 Gene Ontology 基因功能注释数据库。主要包括如下步骤：

(1) 与 Uniprot 蛋白质序列数据库比对，获得序列的初步信息。

(2) 与 KEGG 数据库比对，预测蛋白质可能具有的生物学通路信息。

(3) 与 Interpro 数据库比对将获得蛋白质的保守性序列，模序和结构域等。

(4) 预测蛋白质的功能。Interpro 进一步建立了与 Gene Ontology 的交互系统：Interpro2GO。该系统记录了每个蛋白质家族与 Gene Ontology 中功能节点的对应关系，通过此系统便能预测蛋白质执行的生物学功能。

目前，基因的功能注释工作是建立在比对的基础上，这将会带来两个比较大的问题。首先，此方法严重依赖于外部数据，对某些研究较少的物种限制很大。其次，序列相似并不表示实际生物学功能相似，考虑引入序列比对之外的方法，进一步完善基因功能注释工作。

三、比较基因组与进化分析核心技术开发

通过跨物种以及物种内的比较基因组学分析，可以识别物种间共有保守基因(区域)和物种内特有保守基因(区域)，以及系统发育的分析、正选择基因的鉴定、染色体的进化分析等。

通过对动植物基因组数据的聚类分析，可以分别找出物种各自共有和特有的基因。通过计算物种间特定 DNA 序列的替换速率，可以估算物种的分化时间和分化速率。通过计算 ka/ks，可以寻找物种首选择基因，并进一步确定基因功能。同时，还可以通过比较基因组学的分析，识别染色体大片段复制、染色体断裂、融合等现象，为物种进化的机制提供分子生物学证据。

四、大基因组重测序数据分析核心技术的开发

高通量、低成本的第二代测序，将基因组学研究从物种水平带入了个体水平。遗传多态性包括单核苷酸多态性(SNP)、插入删除变异(InDel)、结构性变异(SV)、拷贝数变异(CNV)等多态性变异检出方法的开发，将为动植物基因组的遗传变异及进化研究奠定基础，为分子育种提供指导。

(一) 单核苷酸多态性(SNP)在群体中的检出(SOAPsnp)

国际人类单体型图谱计划(HapMap)对人类基因组几百万个SNP位点进行了基因分型，极大地推动了复杂疾病的研究进程。然而，HapMap计划鉴定的几百万个SNP位点是人群中较常见的多态性位点，等位基因频率高于5%，而对于人群中的较罕见多态性位点(等位基因频率小于5%)与复杂疾病的关联性还知之甚少，无法满足复杂疾病致病机理的研究。

在群体中，以全基因组重测序为技术手段检测基因组的方法，为检出在群体中发生频率不足1%的SNP提供了技术方法。以目前的测序手段，这与测序错误在同一数量级。当前的SNP检测方法是根据SOAP比对结果，在综合考虑和分析数据特征、测序质量和实验方面存在的影响因素和基础上，利用贝叶斯模型，在实际观察到的数据基础上计算出每个可能的基因型的似然性，挑选出似然值最大的基因型作为该测序个体的特定位点和基因型，并在此基础上给出一个反映该基因型准确度的质量值。在一致序列的基础上，对于参考序列存在着多态性的位点进行筛选和过滤，例如要求质量值大于20，最少有2个reads支持等。要在此基础上，针对不同物种得出的SNP集，构建更加有效的检验方法，得出相对准确，合理的个体或群体SNP集合。

(二) 短序列比对中插入删除多态性(InDel)的检出(SOAPindel)

目前的群体遗传分析方法，对于InDel的利用并不十分完全，主要是由于基于之前的基因分型数据无法开发出高效准确的InDel检出方法。针对国际“千人基因组计划”中产生的多个体全基因组重测序方法，预计将采用局部组装的方法解决这一难题，建立起基于短序列比对的InDel检出方法和流程。

(三) 结构性变异(SV)的检出(SOAPsv)

结构多态性由于其发生机制复杂，难以重现等原因，称为多态性检出的又一难点，难以直接通过比对得到结论，目前尚无现成的方法、流程。与传统的基因分型方法不同，针对pb级(10^{12})的数据量，采用新一代大规模高通量测序技术的全基因组双向重测序方法，原则上能够检出并确认包括CNV、片段插入缺失、片段重复、倒位、易位等在内的所有类型的复杂基因结构多态。然而，大基因组中存在诸多的不确定性，还需重点解决此关键问题，探索基础牢固、实用性强的生物信息学方法。

五、RNA 分析

(一) 小 RNA 分析

miRNA 和 siRNA 等小 RNA 在 RNA 干扰(RNAi)现象方面起主要作用,由于其特异的作用机制,少量的 miRNA 就可以导致靶基因的降解从而达到调控或者沉默基因的效果,因此,检查并分析低表达的 miRNA 或者 siRNA 等 sRNA 是极其具有科学指导意义的。结合新一代测序技术,数字化分析样品中小 RNA 的组分及含量,可以精确而高效的注释得知样品中到底有多少种小 RNA。极低表达的 sRNA 同时也可以得到注释,进而能够分析表达差异及聚类情况,此外,这也能为 novel miRNA 的预测提高精度,降低假阳性。

鉴定样品里面已知的 miRNA 种类及表达量,将表达的 miRNA 进行差异分析,从而找到具有显著差异的 miRNA,对此类 miRNA 的深入分析更具生物学意义。

miRNA 在基因组上是成簇出现的,这一现象可能是与转录其前体的 DNA 序列以及相关的剪切酶有关,但是要做相关分析其计算资源的消耗是个难点,可以在计算能力等软硬件上克服这一问题,以精准快速地在基因组上定位 small RNA,进行 miRNA 的簇分析,进一步了解 miRNA 的生源论。

miRNA candidate 预测。任何领域,新种类的发现一直都是热点,novel miRNA 的预测也不例外,不过这一直以来也是个难点。结合新一代测序技术,以及基因组定位信息,分析 miRNA 的前体茎环,自由能大小,表达量情况和相关特征开发了 MIREAP 预测软件,从而满足相应的分析需求。

通过 miRNA 靶基因的分析,可以知道 miRNA 作用调控的基因,从而推知其调控作用。目前为止,对于植物靶基因,由于其作用机制比较简单,相关的研究及分析已经比较清晰,但是就动物靶基因而言,其预测却没有一个完全自主而且高效的分析方法,国际上现有的其他分析工具精度也不算很高,所以这方面的研究算是一个公认的难点。可以结合靶基因的结果,就这些基因进行 GO、KEGG 注释,了解 miRNA 参与抑制调控的代谢通路,进而结合基因表达等分析,拓宽分析领域。

miRNA 及 siRNA 作用机制里面,有一个重要的种子序列区域(seed region),如果出现在这个区域的碱基突变,叫做种子序列的碱基编辑,也是 miRNA SNP 的一种,可直接导致 miRNA 靶基因的改变。

siRNA 也是 RNA 干扰中一类很重要的小 RNA 分子,现阶段对于其分析主要分为针对外源 siRNA 的设计及内源 siRNA 的预测两方面,但是内源 siRNA 主要存在于植物之中,且相关的预测工具一直很不成熟,由于公布的已知数据很少,所以也造成了深入研究的困难,因此成为技术上的又一难点。

(二) 转录组分析

转录组的分析从是否有基因组参考序列来分,主要分两大类:基因组已经完成测序的转录组分析和基因组还未测序的转录组分析。

1. 基因组已经完成测序的转录组分析 对于已有基因组序列数据可用的物种的转录组信息分析,即转录组重测序分析,关键是基于转录组数据的比对软件的开发。在转录组重测序分析中检测可变剪接和基因融合等事件都依赖于一类叫做 junction reads 的检测，这是一类跨过两个外显子边界的 reads，目前常用的比对软件如 SOAPaligner 等都不能直接比对出这类 reads，因而需要开发一个针对转录组数据特点的比对软件，这个软件要求能够直接比对出 junction reads，由于 junction reads 实际上是分成两段比对到参考基因组上的，因而如何比对出这种类型的 reads 是一个关键。另外，转录组重测序研究还包括：基因融合的检测、转录组 SNP 和 InDel 检测、链特异性转录组分析、转录组辅助基因预测等。

2. 基因组未测序的转录组分析 目前已有的短序列组装软件大多是针对基因组数据特点来开发的，和基因组数据相比，转录组数据有自身的特点：①基因表达量有高有低，因而不同基因的测序深度相差较大。②同一基因由于可变剪接会转录出不同的转录本，目前的组装软件还不能分别组装出同一基因的不同转录本。③内含子未被剪接的 mRNA 前体也会被带 OligoT 的磁珠富集和测序，导致实际测得的 reads 有一部分可能是来自内含子区。转录组数据的这些特点会给转录组组装带来一些有别于基因组组装的特点，因而需要针对这些特点改进已有的组装算法或开发新的组装算法。

第三章

基因组学的应用与成果

第一节　基因组学研究成果

一、人类基因组学研究成果

（一）个人基因组研究

1. 测序技术革命带来基因组学的突破　古往今来，科学研究的进步通常以技术突破为契机。2006 年底，以 Roche/454、Illumina/Genome Analyzer、ABI/SOLiD 为代表的新一代测序仪相继推出，极大地降低了基因组研究的成本，提高了单次测序的通量，为基因组研究提供了新的思路和解决方案。一台 Illumina HiSeq2000 测序仪可以在 10 天之内测完一个人类基因组，成本仅是“人类基因组计划”时的几万分之一，费用由十年前的 30 亿美元降至如今的几万美元。

2. 不同人种个人基因组图谱相继问世　2007 年 9 月，J. Craig Venter Institute 发布了世界上首个个人全基因组图谱——Craig Venter 的个人全基因组图谱。该图谱是基于第一代 sanger 测序技术绘制完成的，覆盖基因组 7.5 倍，利用 Celera assembler 完成组装。通过与已发布的参考序列(5 个白种人 DNA 的混合组装图谱)进行比对，研究者发现了 4.1M 的 DNA 变异，包括单核苷酸多态性变异、片段替换、杂合插入删除事件、纯合插入删除事件、倒位、片段复制，以及拷贝数变异等。研究人员指出，在 4.1M DNA 变异中，有 78%是单核苷酸多态性变异(SNP)，而剩下的 22%非 SNP 变异，却占了所有变异碱基个数的 74%。这表示，在杂合二倍体基因组结构中，非 SNP 变异扮演着非常重要的角色。该论文“The Diploid Genome Sequence of an Individual Human”发表在 PLoS Biology 上(Levy, et al. 2007)。

2008 年 4 月，贝勒医学院人类基因组测序中心的研究人员完成了首个基于第二代低成本、高通量测序技术的个人全基因组图谱——DNA 之父 James Watson 的个人基因组图谱。该研究利用第二代 Roche/454 测序技术，完成基因组 7.4 倍覆盖度的测序，通过将测序所得的序列比对到参考序列图谱上，研究小组发现了 3.3M SNPs、一些小片段(2～40kb)的插入删除变异，以及导致染色体大片段获得或缺失的拷贝数变异。该研究结果与 Craig Venter 基因组的研究结果具有较好的一致性。然而，该基因组研究与 Craig Venter 基因组研究所不同的是：①该研究使用新一代测序技术，与第一代测序技术相比，具有更加快速，更低成本的特点。该研究历时仅 2 个月，成本为第一代 Sanger 测序技术成本的百分之一。②该研究由于是在细胞外进行全基因组打断并扩增，避免了 BAC 克隆扩增法缺陷导致的一些基因组序列的丢失。在本研究中，发现了一些新的人类基因组序列以及新的基因(参考序列所没有的)。该工作“The complete genome of an individual by massively parallel

DNA sequencing"发表在 Nature 杂志上(Wheeler,et al. 2008)。

2008 年 11 月,第一个亚洲人个人全基因组图谱、第一个非洲人个人全基因组图谱,以及第一个癌症患者个人全基因组图谱发表在 11 月 6 日的 Nature 杂志上。随后,荷兰发布世界首个女性个人全基因组图谱。现在,近 100 人的全基因组序列已被测定。

这些个人基因组图谱的构建和分析,标志着基因组学由物种水平,进入了个体水平,大量的基因组个体间差异被相继发现,为进一步研究基因组多态性与疾病的关系,实现个体化医疗奠定了基础。同时,个人基因组的研究也为将来基于大规模测序数据的比较基因组分析提供了分析工具与分析方法。

(二) 国际千人基因组研究计划

2008 年 1 月,英国、中国、美国三国科学家共同宣布启动"国际千人基因组计划",计划在三年时间内,完成 1200 个人的全基因组重测序,构建起迄今为止最为精细的人类基因组遗传多态性图谱。和其他主要人类基因组的相关项目一样,"千人基因组计划"所得出的数据将通过自由开放的公共数据库迅速提供给全世界的科学界。在这个宏伟的大型国际合作项目中,中国参与者深圳华大基因研究院将主要负责 3T 基因组数据的产出,以及部分信息分析工作。

1. 国际千人基因组计划的第一阶段 在进行大规模千人基因组测序之前,千人基因组计划协作组首先启动了先导项目,即通过基于三种不同策略的小规模测序及分析,验证各研究方案和策略的可行性,为大规模测序与分析策略的制定提供参考依据。研究内容如下:

(1) 完成 3 项先导实验,这些实验的结果将用于决定如何高效绘制这张人类遗传差异图谱。

1) 第一项先导实验包括两个核心家庭(双亲与一个成年女儿)的全基因组深度测序,每个基因组的平均测序深度为 42×,即反复测定 42 次。这 6 个个体所产生的全面详尽的数据集,有助于确定这一计划如何使用新的测序平台识别遗传变异。这既是个人基因组图谱方法上的一种探索,也将作为整个计划中其他项目进行比较的基础。

2) 第二项先导实验是分别选择 60 个来自 HapMap3 个主要样本人群的独立个体,共 180 个个体,每个个体 2~6×测序深度。这部分数据结果主要用于判断,达到对最小等位基因频率为 1%的突变位点的 90%检出率,是否需要增加测序样本或者测序深度。评估浅度测序数据用于检测和定位序列变异的能力。

3) 第三项先导实验是测定 697 个人的 8140 个编码区域的序列,其目的是探索如何更好地得到约占基因组 1%的蛋白质编码基因更详细的图谱。

(2) 在先导实验的基础上,完善各种实验流程和数据分析方法的开发。

(3) 规范化数据采集与展示,构建针对大规模测序数据的数据采集、质量控制、信息分析和数据展示流程,设立新的数据标准和格式标准。

如今这三项先导试验已经完成,并以论文"A map of human genome variation from population-scale sequencing"的形式发表于 Nature 杂志(Durbin,et al. 2010)。

通过三项先导实验,共发现了约 15M SNPs、1M 短片段插入删除变异,以及 2 万个复杂性结构变异。这些变异中绝大部分是先前研究没有报道过的。而之前研究发现的 95%的变异,都被本数据集覆盖。本研究发现,平均每个个体都带有 250~300 个导致基因功能丧失的变异,50～100个之前研究显示与遗传性疾病有关的变异。为了验证更详尽的多态性数据集在关联分析时的优势,我们对142个低测序深度的、已知表达谱数据的样本进行eQTLs关联分析。结果显示,更详尽的多态性数据集,显著地增加了与疾病关联的功能位点数的发现,对医学遗传学的研究具有重要指导意义。另外,该项目所产出的多态性数据集中,将有大于6M的位点应用于今后的全基因组关联分析(GWAS)中。

该项研究不但为大规模多态性数据产出方案的最终确定提供了科学依据,同时也为将来大规模基因组测序研究提供了研究范例。

2. 大规模多态性数据产出与分析方案 根据先导实验的研究结果,大规模多态性数据产出将结合低深度的全基因组重测序、基于芯片的基因分型,以及高深度的编码区域重测序三种策略,对来自5个种群的2500个个体进行测序与研究。在大规模研究中,将确保低深度重测序个体的平均测序深度大于4乘。同时,不同于原来仅对家系进行高深度测序,还会应用一个综合的测序方法对个体进行不同深度的测序。

通过对现有数据集中进行模拟,发现修改后的方案可以发现95%的测序个体等位基因频率不低于1%的多态性位点,以及85%的与所测序群体亲缘关系较近的未测序个体中等位基因频率不低于1%的多态性位点。在编码区域,可以发现95%的测序个体等位基因频率不低于0.3%的多态性位点,以及60%的测序个体等位基因频率不低于0.1%的多态性位点。

除了上述的方案改进,以下几个方面还将进一步提高千人基因组计划大规模基因分型的准确性:①测序技术的改进,更低的单碱基错误率及比对错误率;②更大的样本规模;③算法设计的改进;④新的覆盖10M多态性位点的(包括高频和低频)基因芯片研制。

(三)亚洲人基因组计划("炎黄计划")

1."炎黄计划"的背景和意义 早在2006年,第二代测序仪刚刚进入市场,"国际千人基因组计划"启动的2年之前,中国科学家就意识到了第二代测序技术可能在基因组学群体研究中带来的突破,发起并承担了亚洲人基因组图谱的绘制(俗称"炎黄计划")。按照该计划,将选取包括汉族、少数民族、东亚地区不同国家人群在内的100个个体,建立东亚人种特异性的高密度、高分辨率医学遗传图谱。

2."炎黄计划"的研究方法和研究内容 整个炎黄计划分三步走:①利用第二代测序技术进行高深度测序,构建一个中国人的标准基因组序列图谱,并比较该中国人标准序列图谱与NCBI参考序列图谱(白种人)的所有差异,挖掘特异性突变位点;②选择100个黄种人的代表基因组,利用第二代Solexa测序技术进行重测序,每个个体2～4倍覆盖度,通过与中国人标准图谱、白种人参考序列图谱,以及黄种人基因组图谱间的比较,进行中国人群遗传多态性位点的深度挖掘;③构建一张达到覆盖所有突变频率在1%以上突变位点的高密度、高分辨率的医学遗传图谱。利用医学遗传图谱,建立包括可用于筛查疾病相关基因的分子标记集,识别中国人(黄种人)群特异性突变和单体型。

3."炎黄计划"的研究成果 截止2010年11月,炎黄计划已经完成了中国人标准基因组序列图谱的绘制(Wang,et al. 2008),100个黄种人低深度测序数据的产出,各种大规模群体重测序多态性数据挖掘的软件开发(Li,et al. 2009),并把各项成果发表于Nature、Genome Research等国际高水平学术杂志上。

（四）泛基因组研究计划

目前，国际“人类基因组计划”完成的基于欧洲人 DNA 的参考基因组序列是绝大多数人类基因组学研究的数据基础。多年来，大多数科学研究都认为每个个体的基因组均与该参考基因组相似，仅有替换或重排性质的变化。但是深圳华大基因研究院开展的一项研究有了新的发现。通过对“炎黄一号”基因组（即首个亚洲人个人基因组）以及另外一个非洲人基因组的从头组装，并将他们与参考序列比较之后，在每个个体中发现大概有 5M 的新序列在原来的参考基因组序列中并不存在，且这些新的序列可能具有某些潜在的功能。通过与已知的所有人类 DNA 序列进行比较，以及在各个不同的人群中进行 PCR 验证，研究人员发现大部分的新序列具有个体或种族特异性。通过研究还发现，新序列的分布模式与人类大迁徙的模式具有很强的一致性，据此，深圳华大基因研究院的科学工作者首次提出“人类泛基因组”的概念，即在人类泛基因组中大概有 19～40M 的新序列并不存在于现有的参考基因组序列中，将参考基因组和个体或群体特异的基因组序列结合起来将构建成人类的泛基因组序列。泛基因组序列的构建，将使得人们更加深入地理解个体基因组的特异性以及其在未来个体化医疗中的关键作用。该论文“Building the sequence map of the human pan-genome”已发表于 Nature Biotechnology 上（Li，et al. 2009）。

（五）国际人类肠道微生物基因组研究计划（MetaHIT）

由中欧 7 个国家 11 个研究机构联合启动的国际人肠道微生物基因组计划，旨在从分子水平开展人肠道微生物基因组研究，为阐明肠道微生物对人类健康的影响提供科学依据。该计划是欧盟第七框架计划（FP7）资助的子项目之一。深圳华大基因研究院承担了 MetaHIT 计划中 200 多个欧洲人肠道微生物样品的测序及后续生物信息分析工作。

通过最新测序技术（Illumina/Genome Analyzer）对大量样品进行测序和 Metagenomics 分析，该计划研究成果以论文题目“A human gut microbial gene catalog established by deep metagenomic sequencing”在 Nature 杂志上发表（Qin，et al. 2010）。项目内容及意义如下：

1. 首次采用新一代合成法测序技术最大规模研究人肠道菌群　该项研究对来自丹麦和西班牙共 124 个个体的粪便样品进行 Illumina/Genome Analyzer 测序，平均每个个体产出 4.5G 数据，共得到 576.7Gb 的数据量，而且所产出的数据包含了现有人肠道研究所产出的绝大部分数据，这在同类研究中是首次如此大规模成功使用新一代合成法测序技术测序。

2. 成功构建第一个最完整的人肠道微生物基因集　用组装软件（SOAPdenovo）对每个个体分别进行 *de novo* 组装，对未能被组装的数据进行混合并再次组装。然后对组装得到的 contig 使用 MetaGene 软件对其进行基因预测，得到了大约 330 多万基因，其数目是人类基因 150 倍之多，远远高于之前研究中所预测的数目，而且其中 80％的基因为新发现的未知基因。此外还进一步构建了 core gene 集和 pan gene 集，这是世界上第一个最完整的人肠道微生物基因集，将有助于研究人员从人的表型，甚至可以从人的生活习惯、生活环境、饮食、年龄变化等角度研究与基因的关系，从中发现更多人肠道微生物的奥秘。

3. 最为全面了解肠道菌群特征　该项研究在对其进行物种分类后发现超过 99％的基因来自于细菌，其余为古细菌。而且肠道中所发现的已知细菌达 1000 多种，在每个个体中包含至少 160 个微生物物种。物种组成规律和已有研究成果一致，同时功能注释也同样涵盖了以往研究中的结果。

4. 证明了人肠道菌群与肠道疾病有着高度相关性 该项研究在对样品个体间进行比较发现肠道微生物物种丰度个体间的差异与其健康状况有着很大的联系，可以通过PCA分析明显区分炎症性肠病者(IBD)和健康人群，这从本质上证明了肠道菌群差异同肠道疾病高度相关。

二、动植物基因组学研究成果

(一) 水稻基因组计划

水稻是最重要粮食作物之一，也是世界1/2以上人口的主食。中国及东南亚等主要水稻生产国都是以籼稻及以籼稻为遗传背景的杂交稻为主要栽培品种，其种植面积占世界稻谷生产的80%以上。中国是世界上水稻种植面积最大的国家之一。为了破译这一重要的粮食作物的遗传密码，“中国杂交水稻基因组计划”于2000年5月11日正式启动。由北京华大基因研究中心牵头、联合中国科学院遗传所植物生物技术实验室和国家杂交水稻工程技术研究中心等研究机构的科学家一起来完成。该计划旨在绘制水稻基因组图谱，为水稻产量的提高和品质的改善打下基础，同时也是了解其他谷类作物基因的关键。

该计划成果中国水稻(籼稻)基因组工作框架图于2002年4月以封面故事发表在Science上(Yu,et al. 2002)，水稻全基因组“精细图”学术论文于2005年2月发表在PLoS Biology杂志上(Yu,et al. 2005)。

主要内容如下：

1. 首次利用全基因组“霰弹法”策略对大型植物基因组进行测序 水稻基因组序列是世界上第一个完成的重要农作物基因组，也是世界上首次利用全基因组“霰弹法”策略对大型植物基因组进行测序。通过对水稻基因组序列分析，从无到有，开发了重复序列识别及注释系统，为今后大型植物基因组的序列分析奠定了重要基础。在完成序列分析的同时，在世界上首次研发出全基因组生物芯片，直接为水稻的功能研究提供最直接和全面的基础科学支持，对阐明水稻杂种优势的分子机理和推动我国水稻的高产、抗病虫害研究具有重要的指导意义。

2. 水稻遗传基础的研究 研究发现：①水稻基因数目多。水稻基因组基因总数为人类基因组基因总数的两倍。②基因家族成员多。水稻基因是通过基因加倍形成基因家族，使“基因家族”的成员数目增加。③基因头尾差别大。大部分水稻基因的头部与尾部组成不一样，头部的GC含量要比尾部高出1/4。编码某个氨基酸所使用的遗传密码子偏向性不同。这种差异增加了基因发现的难度，使其中的小基因难以发现。④非编码序列多在基因外。水稻基因组中非编码序列多在基因之外，因此其基因的平均长度只有4500bp。⑤1/6的籼稻与粳稻的基因组不一样，而不一样的区域主要为多个备份的“移动因子”的不同。⑥水稻序列变异多，相互之间的差异近1%，这些序列差异为育种提供了非常重要的分子标记。

在此研究基础上，科学家又对水稻进行了转录组分析，并与模式植物拟南芥进行了比较，揭示了两者在生长发育过程中的共性与差异(Ma,et al. 2005)。

(二) 黄瓜基因组研究计划

黄瓜是最重要的蔬菜之一,和其他园艺作物相比有较小的基因组,更适用于基因组破译。“黄瓜基因组计划”是一项应用新一代基因组研究技术来解码非出口作物遗传潜力的国际计划,该计划是由中国农业科学院蔬菜花卉研究所于2007年初发起并组织,由深圳华大基因研究院承担基因组测序和组装等技术工作。参与单位包括中国农业大学、北京师范大学、美国康乃尔大学、威斯康星大学和加州大学戴维斯分校、荷兰瓦赫宁根大学以及澳大利亚多态性芯片技术中心。这是由我国发起的第一个多边合作的大型植物基因组计划,也为我国作为崛起中的大国如何发起和领导重大国际合作项目提供了很好的范例。

该计划致力于:①获得一套完整的黄瓜基因组序列;②在遗传和分子基础上对主要的农艺作物有更深的了解;③开发一套分子育种复杂研究的辅助工具。

在该项研究中,研究人员主要采用第二代测序技术(Solexa)以及传统技术(Sanger)相结合的方法,绘制完成了黄瓜基因组精细图。该项目论文成果“The genome of the cucumber,Cucumis sativus L.”以article形式在Nature Genetics上发表。主要内容如下:

1. 数据产出和组装 黄瓜基因组大小约为350Mb。共产生265亿对高质量的碱基,覆盖深度达到72.2×。其中包括3.9×的Sanger reads和68.3×的长度在42至53对碱基不等的Solexa reads。利用自主开发的组装软件,组装出243.5M的基因组序列,约占整个基因组的70%。经过分析,剩下的30%序列主要是异染色质的卫星序列以及rRNA序列。创建了包含1885个分子标记的高密度遗传图谱,将72.8%的基因组序列定位到染色体。

2. 基因组注释 综合各种证据,在黄瓜基因组中鉴定出26 682个蛋白编码基因。其中,82%的基因在已知蛋白库中有同源蛋白。同时也鉴定出占全基因组24%的重复序列,292个rRNA,699个tRNA,238个snoRNA,192个snRNA以及171个miRNA。黄瓜基因组没有近期的全基因组复制以及只有少量的串联复制基因,这可能是导致黄瓜基因数目偏少的原因。

3. 染色体融合 黄瓜有7条染色体,而甜瓜有12条染色体。用西瓜作为外群,发现黄瓜7条染色体中的5条是在黄瓜与甜瓜分化之后,由甜瓜的12条染色体中的10条融合而成。在蛋白编码区水平,黄瓜和甜瓜有95%的相似性。

4. 性状相关基因 目前已经鉴定出与黄瓜产量、品质、抗病性等重要农艺性状相关的候选基因300多个,如NBS-R、LOX以及HPL等基因。目前已克隆了与产量相关的性别决定基因、苦味基因和抗黑星病基因,为这些重要性状的分子育种提供了快捷准确的工具。

5. 在植物维管束研究中的应用 植物的维管束系统相当于人体的血管,是植物营养运输和长距离信号传导的主要通道。黄瓜是维管束研究的模式生物,在黄瓜基因中鉴定出800个、686类与维管束功能相关的基因,并且发现它们所在的基因家族在低等植物向高等植物进化的过程中得到了扩增。

(三) 大熊猫基因组研究计划

大熊猫基因组计划启动于2008年5月,此项研究由深圳华大基因研究院领衔,中国科学院昆明动物研究所、中国科学院动物研究所、成都大熊猫繁育研究基地和中国保护大熊猫研究中心共同参与。目标是通过新一代测序技术和组装方法,生成高质量的大熊猫基因组序列。被取样的大熊猫为雌性,生活在成都卧龙大熊猫保护中心。全基因组序列能够提供前所未有的大熊猫的遗传信息，从而大大推动该物种的遗传学和生物学研究，应用于濒危物种的疾病控制和保护。从技术上说，该计划的实施和完成对新一代测序技术在大型哺乳动物基因组的组装和拼接、各种生物信息学工具开发带来深远影响。

这一研究工作是全球第一个使用新一代合成法测序技术完成的基因组序列图，具有低成本和高通量的优势。该项目论文成果"The sequence and *de novo* assembly of the giant panda genome"以7页篇幅，发表在Nature杂志上(Li，et al. 2010)。该项目主要内容如下：

1. 数据产生和短序列组装 全基因组平均测序覆盖度为73X，包含5个insert梯度(150bp、500bp、2Kb、5Kb和10Kb)。使用自主开发的组装软件，获得了非常好的组装结果：contig N50达到40Kb，Scaffold N50达到1.3Mb。这证明了新一代测序技术完全可以成功应用于大型哺乳动物基因组的 *de novo* 测序。

2. 基因组特征与进化速度研究 大熊猫基因组含有21对染色体，计算得到其总基因组大小为2.4Gb，大约36%是转座子重复序列。鉴定了21 001个蛋白质编码基因，其中大部分相对于其他哺乳动物都是比较保守的，而134个基因在大熊猫的进化分支上发生了正向自然选择。在被测序的哺乳动物当中，大熊猫与狗的关系最近。通过全基因组的比较分析，发现大熊猫的碱基中性突变率和染色体重组率都远比狗要低。这说明大熊猫的基因组进化速度比其他动物要慢，与先前的"活化石"之说相吻合。

3. 竹食性的答案 该项研究在鲜味受体基因T1R1上发现了两个移码突变，这个基因功能的丢失很可能与熊猫的草食性有关。但是，在大熊猫的基因组里无法得到全部用于消化竹子纤维的基因，因此，对大熊猫胃肠道菌群的研究很可能是揭开熊猫竹食性之谜的关键。

4. 遗传多态性与大熊猫保护 通过二倍体测序，研究证明大熊猫基因组仍然具备很高的杂合率，约是人的两倍。从而推断大熊猫种群仍具有较高的遗传多态性，只要进行合理的保护就不会濒于灭绝。该研究成果填补了大熊猫基因组及分子生物学研究的空白，将从基因组学的层面上为大熊猫这种濒危物种的保护、疾病的监控及其人工繁殖提供科学依据，并为保护我国其他一级保护动物提供范例。

(四) 家蚕基因组多个体测序

华大基因与西南大学共同成功绘制了家蚕基因组变异图谱，并在Science杂志上以report形式发表。这是华大继2004年发表世界第一张家蚕基因组框架图后，中国科学家再次在Science杂志上发表家蚕基因组研究的成果(Xia，et al. 2009)。这不仅是多细胞真核生物的大规模基因组重测序以及昆虫遗传变异图谱的首次报道，而且对家蚕起源进化的阐释、驯化及性状形成机理的揭示、家蚕品质改良以及昆虫害虫防治等领域的研究具有重要意义。

在家蚕基因组精细图的基础上，采用高通量、高精度和低成本的新一代Illumina-Solexa测序技术，选取代表性的29个家蚕突变品系和11个不同地理来源的中国野桑蚕系统进行了全基因组重测序和序列比较分析，取得了一系列重大突破。该项目主要内容如下：

1. 获得了40个家蚕突变品系和中国野桑蚕的全基因组序列 成功完成了40个代表性的家蚕和中国野桑蚕品系的全基因组重测序，这是多细胞真核生物大规模重测序研究的首次报道。共获得632.5亿对碱基(63.25Gb)，测序深度达到118乘，覆盖了99.8%的基因组区域；每个蚕品系测序深度平均3乘，基因组和基因覆盖度分别为82.5%和93%。这些基因组数据代表了鳞翅目昆虫中最多的基因组序列，是基因组资源扩展中的一个里程碑。

2. 建立了高分辨率的蚕遗传变异图谱 绘制完成了世界上第一张基因组水平上的蚕类单碱基遗传变异图谱，这也是世界上首次报道的昆虫基因组变异图。通过比较分析，共鉴定出约1600万个SNP位点、31万个小片段插入缺失(InDel)和3.5万个基因组结构变异(SV)。家蚕不同品系以及野桑蚕不同系统之间的SNP突变率分别是1.08%和1.3%。这些基因组变异直接导致了不同家蚕和野桑蚕系统表型的多样性。

3. 在全基因组水平上揭示了家蚕的起源进化 家蚕的起源是一个长期的科学问题，全世界公认家蚕是起源于中国野桑蚕，但由于先前生物化学和分子生物学技术的局限，并没有确定家蚕是如何起源的。对40个家蚕和中国野桑蚕系统的大规模重测序数据的分析表明，家蚕由中国野桑蚕而来的驯化变异是一个单一的驯化事件造成。在迄今为止的所有关于家蚕起源的研究报道中，人们都重点以其进化性为主要线索，提出了多个假说。这次在全基因组水平上对家蚕和野蚕的比较分析发现，进化性并不能完全反映家蚕的起源驯化特征，这是家蚕起源研究中一个非常重要的结论。

4. 发现了驯化对家蚕生物学影响的基因组印记 长期的驯化选择使家蚕的性状发生了显著的变化，相对于野桑蚕来说，家蚕的蚕茧大小增大、生长速率和消化效率增强，飞行和抗病能力则减弱。通过家蚕和野桑蚕基因组数据的比较，共筛选出1041个因驯化而受到选择压力的基因组区域(GROSS)，覆盖了2.9%的基因组区域。最重要的是354个蛋白编码基因位于这些GROSS之中，这些基因是受到驯化和人工选择的候选靶标，它们主要参与了蚕的丝蛋白合成、能量代谢、生殖特性和飞行能力等的调控。这是迄今为止首次发现的在家蚕驯化过程中受到选择的基因组区域和功能基因信息，无疑为阐明家蚕重要生物学性状形成机理提供了强有力的支撑。

(五) 千种动植物基因组研究计划

千种动植物基因组研究计划由深圳华大基因研究院发起，于2010年1月正式启动，预计在未来两年内破译千种具有重要经济和科研价值的动植物物种基因组，并向全世界科学界征集测序物种的提案。该计划旨在构建一个全球最大的基因组数据库，为各物种的进一步研究提供重要基础和依据。该计划一经启动就得到国内外各界人士的关注和支持，计划仅仅启动几个月，便已吸引了包括中国农业大学、中国农业科学院、中国科学院遗传与发育生物学研究所、上海交通大学等多所国内一流科研院校、研究机构以及加拿大、美国、澳大利亚、马来西亚等国际相关科研人员的加入。

2010年5月，“千种动植物基因组计划”一期在重要物种基因组学研究领域和巨型基因组数据库构建上取得阶段性进展。截止2010年5月，华大基因和合作者们已经启动了100多种动植物基因组测序分析项目。已经进行全基因组测序的物种包括和人们的生活密切相关的蔬菜瓜果如黄瓜、西瓜、白菜、甘蓝等，还有一些重要动物物种如大熊猫、藏羚羊、企鹅、北极熊的基因组解析。另外，华大基因与国内外研究者还正在展开梅花、兰花、烟草、茶树、棉花、小麦、牦牛、石斑鱼、牙鲆、牡蛎、小菜蛾、环毛蚓、大鲵等近百种物种基因组项目的合作。这些物种涉及的领域涵盖模式生物、海洋生物、家畜、昆虫、稀有物种、农作物、园艺和生物能源等。

该计划接下来的工作将是进一步扩大和挖掘重要的物种资源，搜集重要的样本，将测序的物种覆盖面继续扩张，构建一个空前巨大的基因组数据库，令全球的基因组学研究水平发生质的飞跃。

第二节 基因组学现状

测序技术的发展推动基因组学研究的快速发展。新一代合成测序技术的突破、指数上升的通量、快速下降的成本等，为生命科学带来了新的机遇和希望。伴随着测序通量的急剧增长和测序成本大幅度下降，越来越多大型基因组的参考图谱被构建，大规模重测序研究相继开展，基因组研究从物种水平跨入个体水平。

技术的关键突破会带来科学的井喷式发展。第一代测序技术的发明，推动了国际“人类基因组计划”和国际人类单体型图谱计划的完成，第二代测序技术的成熟，使得国际千人基因组计划得以启动，最详尽的人类医学遗传多态性图谱的绘制提上日程，将极大地推进复杂疾病的研究。

第二代测序技术的成熟也极大地推动了动物基因组研究的发展。动物基因组研究的目的就在于提高动物育种的效率和准确性，加速主要经济性状育种和抗病育种的进程。目前对于动物的基因组学研究，在各类动物中都有开展。包括哺乳动物、鸟类、两栖类、爬行类、鱼类以及一些无脊椎动物。

对于植物基因组的研究，有助于植物的改良与选育，更好地造福于人类。近年来植物功能基因组学的研究技术主要包括表达序列标签(EST)、基因表达的系列分析(SAGE)、DNA 微阵列和反向遗传学等。对植物功能基因组学的研究将有利于我们对基因功能的理解和对植物性状的定性改造和利用。

微生物基因组学研究主要源于“人类基因组计划”的实施。由于微生物基因组研究对药物研发、环境治理、食品生产等领域发展起着积极的推动作用，微生物基因组的研究得到了越来越多的重视。目前已完成或正在进行的微生物基因组项目已愈万个，宏基因组也得到了快速发展。

一、癌症基因组研究

HGP 所提供的人类基因组全序列及其他数据、技术以及经验，为癌症的“组学”研究奠定了科学和技术基础。美国癌症学界和基因组学界的科学家在 2005 年 2 月联合向美国国会正式提出了投入 15 亿美元、耗时 10 年的“人类癌症基因组计划”。2005 年 12 月 13 日，美国 NIH 宣布启动“癌症基因组计划”的“先期计划”在 3 年内完成肺癌、卵巢癌和脑胶质瘤的基因组分析。

美国“癌症基因组计划”关于脑胶质瘤的基因组研究报告已于 2008 年 10 月在 Nature 杂志上发表。约翰霍普金斯大学对多形性脑细胞瘤和胰腺癌进行的研究也发表在 2008 年 9 月的 Science 杂志。另外，华盛顿大学基因组中心对肺癌细胞中 623 个基因测序发现 26 个基因存在高频突变。这些研究成果都说明了测序技术对癌症研究的可行性，共同被 Science 杂志评为 2008 年 10 大科学进展之一。2008 年 11 月 Nature 杂志发表了第一例急性髓性白血病肿瘤患者的全基因组 DNA 测序结果。

癌症的基因组学研究已呈现了百花齐放的态势。2008 年 4 月 29 日，国际肿瘤基因组协作组(ICGC)在英国伦敦成立，它是继“人类基因组计划”以来最有影响力的生物医学研究项目之一，这一研究计划将有效协调并整合肿瘤研究的资源、技术和人才优势，为肿瘤生物学特性和机制的阐明提供全面和系统的基础性数据及信息。中国与其他 ICGC 成员国包括加拿大、美国、英国、澳大利亚、西班牙、法国、德国、印度、日本、意大利和欧盟其他相关国家等共同参与了人类肿瘤基因组协作研究计划，将对全球范围内 10 000 例以上影响人体各种组织器官包括血液、脑、乳腺、结肠、肾脏、肝脏、肺、胰腺、胃、口腔和卵巢等肿瘤进行基因组学研究。为此，ICGC 成员国共同研究确定了涉及一致性和伦理问题的共同标准。

目前，已经有 5 个癌症基因组出炉。美国华盛顿大学的科学家首次解码了一个急性骨髓性白血病癌症患者的完整基因组，准确找出了癌症组织中 10 个可以明显诱发急性骨髓性白血病发生的突变基因，相关研究已于 2008 年 11 月 5 日刊登在 Nature 杂志。加拿大的科学家们用新一代测序方法研究来自一个雌激素-受体-阿尔法-阳性的转移性小叶乳腺癌患者的基因组和转录组，得到不均匀性的单个核苷酸突变可导致乳腺癌低水平的扩散而加剧疾病发展进程的结论，并以封面文章发表在 2009 年 10 月的 Nature 杂志上。结合肺癌与皮肤癌的癌症基因组研究，Sanger 研究院的血液学家，遗传学家 Peter Campbell 表示，黑素瘤患者的基因组有 33 345 个明显突变，肺癌患者的基因组有 22 910 个明显突变，两种癌症患者受致癌因素（吸烟与日照）的影响，基因组序列发生癌变，并将该结论分别发表在 2009 年 12 月 17 日 Nature 的在线版的 2 篇癌症基因组成果文章中。美国加州大学洛杉矶分校琼森综合癌症研究中心完成的脑癌细胞系全基因组测序报告研究成果于 2010 年 1 月 29 日公布在 PLoS Genetics 杂志上。

在国际肿瘤基因组协作研究计划（ICGC）的推动下，我国从事肿瘤学和基因组学的科学家携手组建了“中国肿瘤基因组研究协作组（CCGC）”。在 2009 年 12 月 CCGC 获得了科技部高技术发展计划（863）重大项目的资助，将我国高发肿瘤或有良好工作基础的肿瘤，包括胃癌、肝癌、食管癌、鼻咽癌、肺癌、白血病、结肠癌、脑胶质瘤、肾癌、卵巢癌、乳腺癌、胰腺癌、甲状腺癌和儿童神经母细胞瘤等，作为开展全基因组分析的肿瘤类型。深圳华大基因研究院基因组科学平台，以其技术、人才、实验平台的优势成为了中国癌症基因组相关研究的核心支撑技术体系。其中，胃癌是 ICGC 指定中国研究的首个肿瘤类型。目前，胃癌基因分析的初步数据已经提交 ICGC 数据库。

二、复杂疾病和孟德尔疾病基因组研究

全基因组关联分析（Genome-Wide Association Studies，GWAS）是基于“人类基因组计划（Human Genome Project，HGP）”和“人类基因组单体型图计划（The International HapMap Project，HapMap）”的研究成果发展起来的一种研究手段。该研究方法通过对大规模的群体（病例/对照）DNA 样本进行全基因组高密度遗传标记分型（如 SNP、CNV 等），通过关联分析等统计学方法寻找与复杂疾病相关的遗传因素。通过这种方法，我们可以大规模地定位与某种特定表型相关联的基因型（Genotype），为后续实验验证指明了方向。

1996 年，Risch 和 Merikangas 提出用 GWAS 的方法来研究复杂疾病的遗传学基础。2001 年人类基因组草图完成，次年 HapMap 计划启动。2005 年，HapMap 计划第一期完成，研究成果发表在 Nature 杂志上，同年，Science 杂志报道了第一个应用 GWAS 方法研究复杂疾病的论文。

自 2005 年 Science 杂志报道了第一项有关年龄相关性（视网膜）黄斑变性 GWAS 研究以来，现今研究内容涉及肥胖、糖尿病、精神病等威胁人类健康的常见疾病。这些研究不但很好地重复发现了过去已证实的关联信号，而且还产生了很多新的候选基因。第一个

GWAS 的发表，揭开了人类复杂疾病遗传研究的新纪元。这促使全世界的科研工作者充满热情地投入到利用 GWAS 方法来破译各种复杂疾病的遗传基础上来，并使 2007 年关于 GWAS 的文献爆炸式增长，2007 年成为 GWAS 年。

2005 年和 2007 年，“人类基因组单体型图计划(HapMap 计划)”的第一期和第二期分别完成，该计划验证了“人类基因组计划”后发现的 SNPs，并找出它们的关联性以及绘制欧洲、亚洲和非洲人的连锁不平衡模式。两期的 HapMap 计划验证了 4M 多的 SNPs。HapMap 得到的数据显示连锁不平衡的存在使得我们可以用 tagSNP 代表一群处于连锁不平衡关系的 SNPs，极大地降低了 GWAS 分析所需要的 SNPs 数量。HapMap 数据库为全基因组 SNPs 的分型提供了有价值的参考数据。

截至 2007 年底，共发表 GWAS 文献 450 篇，2000 多 SNPs 或者位点被报道。2007 年 WTCCC(Wellcome Trust Case Control Consortium)研究启动，这项计划是为了研究 7 种复杂疾病的遗传基础，共 17 000 个样品，每种病 2000 个病例，共同享有 3000 个对照，500K 的 SNPs 被分型。WTCCC 取得了一系列的成果，许多新基因和遗传位点被识别。例如，识别了克罗恩病(Crohn disease，CD)的致病基因 IRGM，1 型糖尿病(T1D)的 4 个新的致病位点。值得一提的还有乳腺癌关联协会和 2 型糖尿病(T2D)的 GWAS 研究。乳腺癌关联研究协会所做的 GWAS 是第一个大规模、多组织合作的疾病关联分析组织。2007 年，2 型糖尿病的研究也广泛开展，识别出十多个新的致病位点，大部分位点在后续的研究中均得到了验证。

从 2008 年开始，有些研究人员开展了基于 GWAS 的 meta 分析，并且成功发现了一些新的致病位点。2005～2009 年，全基因和典型 SNPs 分型芯片及技术迅猛发展，截至 2009 年末，基于 GWAS 的研究工作发表 470 多项，发现了跟疾病相关的 2000 多个 SNPs。

过去几年，GWAS 研究主要是基于芯片 SNPs 分型技术。但是这种方法并不完善，除了基于芯片杂交分析容易产生假阳性(false positive)和假阴性(false negative)结果之外，最大的缺陷在于目前的 GWAS 是基于常见疾病、常见变异假说的。越来越多的研究结果表明，许多复杂疾病是由稀有突变造成的，而这种基于芯片的 GWAS 在实验的最开始就漏掉了这部分信息，因此无法捕获到罕见的致病性变异以及复杂的遗传特征。

新一代测序技术，将基因组序列的测序成本大大降低，从而引发了新一轮遗传疾病研究的高潮，其中以探究单基因病(孟德尔疾病)发病原因为主要目的的全基因组外显子测序技术应运而生。最近发表的很多值得注意的科学发现都是运用了这种全基因组外显子测序的方法。2009 年 8 月，Sarah B. Ng 等在 Nature 杂志发表文章，他们使用全基因组外显子测序方法，对 4 名 Freeman-Sheldon 综合征患者进行检测，最终将 MYH3 基因确定为致病基因(Ng，et al. 2009)。其实早在 2006 年，Freeman-Sheldon 综合征就已经被确认为由 MYH3 基因导致(Toydemir，et al. 2006)。所以，Sarah B. Ng 等人在这个工作中对全基因组外显子测序方法的可靠性做了肯定的评价。随后，Sarah B. Ng 等人使用同样的方法对 Miller 综合征进行了分析，鉴定了 Miller 综合征的发病原因，相关的发现发表在 2009 年 11 月的 Nature Genetics 杂志上。此外，还有多个研究小组采用全基因组外显子测序的方法对遗传疾病展开了研究，甚至不仅仅是单基因疾病，还包括多基因疾病和肿瘤。在 Science 杂志上，已经有相关的评论文章称，在 2010 年，全基因组外显子测序和人类外空间飞行技术等其他技术，将会是最具突破性的热点前沿研究。可以预见，在近期会有大量的相关科学发现被发表，而人类对遗传疾病的认识也会大大提高。

高通量测序发展如此迅猛，让科学家们看到了发现致病突变的曙光。美国西雅图系统生物学研究院的 David Galas 和 Leroy Hood 对碱基检出算法做了进一步的改进，并以此分析了一个家庭的单基因病(孟德尔疾病，Mendelian disorder)。文章发表在 2010 年 4 月 30 日的 Science 杂志上。研究人员选择了一个家庭，此家庭中有四个成员，两个孩子患有两种隐性遗传病，米勒综合征(Miller syndrome)和纤毛运动障碍(Cilliary dyskinesia)，而他们的父母正常。研究人员使用了全基因组(Complete Genomics)的服务来对每个基因组进行测序。之前，研究人员通过外显子测序，已经鉴定出米勒综合征的致病突变。Hood 认为，尽管这种方法更加廉价，但并非所有孟德尔性状都在编码区，因此还是需要整个基因组的序列寻找致病突变。此外，Illumina 公司最近也对 Solexa 公司的总裁 John West 一家四口进行了完整的全基因测序，Illumina 公司总裁 Jay Flatley 表示："这代表了遗传研究的重要一步，从个人到全家，家庭遗传组成的更完整信息将有助于更好地理解人类基因组，并帮助医生做出更好的医疗决策"。

三、动物基因组及进化与分子育种研究

除人类基因组之外，暨今已有超过 50 种动物的基因组序列已经测序完成并且对外公布，物种种类覆盖物种进化过程的主要分支，主要侧重于模式动物(果蝇、爪蛙等)，经济动物(牛、猪等)，与人类疾病相关的动物(按蚊、血吸虫等)以及对研究物种进化历史有关键意义的物种(海鞘、蜥蜴等)。到目前为止，已完成全基因序列分析并在 Nature、Science 杂志上发表文章的物种包括：人、黑猩猩、猴子、大鼠、小鼠、负鼠、牛、马、狗、猫、猛犸象、大熊猫、鸭嘴兽、鸡、斑麻雀、爪蛙、河豚、青鳉、文昌鱼、海鞘、海星、果蝇、按蚊、家蚕、蜜蜂、金小蜂、甲虫、蚜虫、血吸虫、线虫、马来丝虫、水螅、海星、丝盘虫、疟原虫、小隐孢子虫、牛泰勒原虫等物种。

2009 年，采用新一代测序技术得到的大熊猫基因组序列公布，分析文章在 Nature 杂志发表，这标志用新一代测序技术对大基因组装的可行性，一场新的更大规模的全动物基因组测序浪潮正在展开。

测序成本的降低和参考基因组的获得推动了动物基因组的重测序。重测序有助于分析个体之间的变异，基因组差异主要包括：单核苷酸多态性(SNP)，短片段插入/缺失(InDel)以及结构性变异(SV)。2009 年 8 月在 Science 杂志上报道了 40 个蚕类基因组的重测序，并基于基因组层次上的比较分析，构建了蚕单碱基遗传变异图谱，提出了家蚕起源的"一次性事件"结论，揭示了驯化选择对家蚕生物学性状影响的基因组印记。2010 年 3 月 Nature 杂志发表的对家鸡以及红原鸡的重测序研究，揭示了对于家鸡驯化起关键作用的若干选择性片段。

四、植物基因组及进化与分子育种研究

"美国植物基因组计划(National Plant Genome Initiative，NPGI)"于 1998 年正式启动，该计划在美国国家科学基金会(NSF)的支持下，成立了由美国多个部门组成的植物基因组跨机构工作组(Interagency Working Group on Plant Genomes，IWG)。IWG 每 5 年制订一项 5 年计划来指导协调基因组的研究工作。该计划的启动，叩开了植物领域大规模基因组测序研究的大门。2000 年 12 月 4 日的 Nature 杂志报道了拟南芥完整基因组测序工作的完成，并首次发表了其完整的基因组序列。拟南芥成为了第一个被测序的高等植物，其

基因组测序工作的完成成为植物科学史上的一个里程碑。2005 年，中国科学家完成了水稻的基因组精细图，随后，伴随着新一代测序技术的产生和测序成本的持续下降，在 Nature 和 Science 等权威刊物及其子刊上相继发表了毛果杨、葡萄、番木瓜、高粱、黄瓜、大豆等经济作物和模式植物的全基因组测序工作。随之而来，基因学的研究受到了极大的推动，促进了基因组学、比较基因组学、进化基因组学等新兴学科的发展。对植物基因组的深入研究，发现了大量与植物生长发育相关的基因和调控过程，以及不同植物所具有的独特代谢过程、抗病、抗虫、抗逆的相关基因。黄瓜的基因组研究中，发现了与性别分化决定、疾病抗性、葫芦素的生物合成和气味相关的一些特异基因；大豆的基因组研究中发现了和生物固氮、油脂等合成相关的一些特异基因等。同时，通过比较基因组学和进化基因组学的研究，发现了近缘物种及远缘物种之间在生物学功能和进化上的保守性和差异性，系统地研究了植物基因组的进化历史等复杂的生物学问题。

随着重要农作物及经济作物测序工作的完成，这些植物的重测序工作也正在如火如荼地展开。通过比较这些研究获得的基因组数据，研究人员获得了很多与人类驯化玉米、水稻、大豆等有关的分子事件。在玉米的研究中，研究人员发现了大量在物种驯化过程中受到选择的基因区域和高度分化的基因区域，这些区域很可能包含了和植物地理环境相适应的基因位点。同时，研究近缘物种及其杂交分离后代群体的重测序数据，进行表达数量性状座位(eQTL)作图，还能得到和关键性状相关的大量候选基因。这些重测序的研究成果为进行优良品种的培育和复杂性状的分离提供了极好的研究材料。

植物基因组测序和重测序的这些研究推动了植物生物学领域的快速发展，有助于人们对整个植物界的认识，改善农作物的品质，提高农作物的抗逆性以及降低农业生产对环境的影响。

基因组学研究极大地推动了分子育种研究，更加有效地利用已有基因组序列信息数据，发掘更多有益信息，将这些公开数据应用到分子育种领域，对于培育高产的粮食作物和经济作物品种将产生极大的推动作用。

五、微生物基因组研究

(一) 宏基因组研究

宏基因组学是以环境样品中的微生物群体基因组为研究对象，以功能基因筛选和/或测序分析为研究手段，以微生物多样性、种群结构、进化关系、功能活性、相互协作关系及与环境之间的关系为研究目的。一般包括从环境样品中提取基因组 DNA，进行高通量测序分析，或克隆 DNA 到合适的载体，导入宿主菌体，筛选目的转化子等工作。

人类是一个典型的超生物体(superorganism)，由细菌和人体细胞组成，人体已知的口腔菌谱多达 500 余种，肠道菌谱多达 400 余种。人体内共生的菌群基因组的总和称为人类宏基因组。人体的生理代谢和生长发育除受自身基因控制外，还受大量共生菌群遗传信息的影响，它们所编码的基因数量是人体自身基因数量的 50～100 倍，相当于人体的“第二个基因组”。研究发现，肠道菌群可调节人体脂肪储存活动，因而与肥胖症密切相关；另有研究表明，能够产生神经毒素的梭状芽孢杆菌在肠道内过度生长，与儿童自闭症发生有很大联系。

土壤系统是自然环境中最为复杂的体系，这决定了土壤中微环境的多样性和微生物物种的多样性，同时也增加了对土壤环境宏基因组研究的难度。目前土壤宏基因组的研究多是集中在发现和筛选一些新的有生物催化、生物活性和抗生素相关的基因，如果能从土壤中找到一些降解纤维素相关的基因，并能将这些基因有效的利用，那么带来的将是未来生物洁净可持续发展能源的巨大变革，同时这对土壤生态学的发展也有很大的促进作用。

白蚁，在德语中意为“带来厄运的动物”，但正是这种动物在地球已经繁衍了2.5亿年之久，在过去的岁月中，白蚁们一直默默无闻，注意他们的天敌只有饥饿的食蚁兽，而后来又因为它们爱啃木头的钢牙被人们所痛恨。但是在世界能源短缺，替代能源成本太高且不够环保的环境下，白蚁终于等到了扬眉吐气的时候。在2007年11月的Nature杂志上发表了一个新的发现，科学家们从哥斯达黎加白蚁的第三个消化道中的300多个微生物中找到了超过8万个基因，惊人之处不在于找到这么多基因，而在于其中500个是能够分解草本木质纤维的酶基因。白蚁的肚子就像一个加工厂，能将木头中被木质素包裹的糖分分解成二氧化碳、氢气和甲烷。借助于肚子里的微生物，白蚁可将一张报纸转换成2升氢气，足够驱动燃料电池车跑上6英里。如果能够成功复制白蚁体内的转换机制，并将其应用到工业领域，那么仅靠杂草、旧报纸就可以推动国民经济的发展。但是目前对白蚁的研究还仅限于实验室，到应用到工业，最终解决能源问题还有很远的距离。

2006年，科学家们发现了一个很有意思的现象，分别抽取胖老鼠和瘦老鼠胃肠道的微生物，将其分别放到两组无菌实验小鼠的体内，发现注射了胖老鼠肠道微生物的实验小鼠相较另外一组小鼠肥胖。这一现象说明肠道微生物影响了宿主的新陈代谢，与宿主的健康有很大关系。推而广之，人体内也生存着大量的共生微生物，它们的存在与人的健康息息相关。这些共生微生物绝大部分属于细菌，其中大部分存在人的肠道中，估计其细胞数量是人自身细胞的10倍，编码的基因是人类基因数的100倍，具有十分重要的营养代谢和免疫功能，因此控制人生老病死的基因中应该既有人自身的基因也有大量共生细菌的基因。目前在研究人体胃肠道宏基因组的大型组织除由美国国立卫生院资助的为期3年的人体宏基因组计划(HMP计划)外，还有属于欧盟第七框架计划之一的为期4年的人体胃肠道宏基因组计划(MetaHIT)项目，MetaHIT在第一期项目完成后，从124个欧洲人的样本中获得了3.2×10^6个基因，建立了目前比较完备的人肠道参考基因集，估计在人肠道中有约1000～1150种细菌，每个人胃肠道中有约160种左右。当然了这只是研究欧洲人群得到的结果，不同的种群由于饮食结构，不同的地理环境会导致胃肠道菌群组成上的差异。这也对如肥胖、糖尿病等一些复杂疾病方面的研究提供了全新思路和技术。

当然这只是举了几个案例而已，科学家们对宏基因组的研究远不止这些，其他如室内空气中微生物群落的研究、沼气池中菌群结构的研究等这些都将推动医疗卫生、食品健康、替代能源、环境修复、农业、生物防御等方面的快速变革。

宏基因组学极大地提高了人类所能接触到的微生物范围，推进了人类对微生物未知领域的认识，将在农林业、环保、医药等领域发挥巨大的应用潜力。迄今为止，宏基因组学的研究对象已从最初的土壤微生物、水体浮游微生物发展到海底沉积物、空气悬浮物以及动植物体附生微生物等，标志着人类进入了基于大规模测序探索开发生物资源的新时代。

基于新一代测序技术的宏基因组学研究，已从最初物种水平的研究，向基因水平、转录组水平发展，并试图全面、深刻地揭示基因与基因、基因与个体、基因与环境间的相互作用。这一科学与技术的发展，必将引起生物科学及生物产业的新变革。

(二) 微生物进化研究

新一代高通量技术所需要的测序时间大大缩短,同时成本也越来越低,使得用全基因组测序的方法分析微生物演化成为可能。对所有目标样本进行全基因组测序和差异比较的技术方法,跨越了传统分子生物学研究方法所不能逾越的鸿沟,为比较基因组学、流行病学和微生物演化研究掀开了崭新一页。

第一,全基因组序列之间的比对结果可以提供极高分辨率和准确性的系统发育结构,并避免了系统发育挖掘偏倚问题。2012 年 1 月 Science 杂志的一篇报道选取了 63 株抗药性金黄色葡萄球菌(Methicillin-Resistant *Staphylococcus Aureus*,MRSA),其中包括 20 株 7 个月内、在同一医院的不同病房中分离到的菌株。尽管这些菌株间差异极小,使用全基因组测序和比对还是能够将其一一分开,并通过菌株间的系统发育关系追踪到院内传染的详细过程。该研究为阻断 MRSA 的院内感染提供了宝贵信息。一项研究对 95 株 A 族链球菌(Group A Streptococcus,GAS)进行了高通量测序和比对分析,揭示了 GAS 的每次流行都是由不同于以前流行的菌株所导致的,而不是同一菌株的死灰复燃;并建立起菌株基因型和患者表型之间的关系(Beres,et al. 2010)。对 29 株艰难梭菌(Clostridium difficile)的测序和分析计算出该物种的分化时间,并证明该物种对人的致病性在几大分支中是独立演化的(He,et al. 2010)。

第二,通过全基因组测序和比对,可以完整地发现自然压力选择下,变异规律特殊的基因位点,这些位点往往联系着重要的表型。在伤寒沙门氏菌(*Salmonella Typhi*)的研究中,26 个基因被鉴定出受选择压力影响,其中半数编码的是表面暴露、输出或分泌相关蛋白,这可能跟病原菌改变抗原表型,逃避人体免疫系统压力有关(Holt,et al. 2008)。MRSA 研究中发现的 38 个趋同进化突变位点里,有 10 个跟已知的抗药性机制相关(Harris,et al. 2010)。通过 SNP 在基因组上的非随机分布,研究者在 GAS 中鉴定出 22 个受正向选择的基因,其中包含多个已知的毒力因子,如 ropB、emm3、covR 和 covS(Beres,et al. 2010)。在 *C. difficile* 中,使用 dN/dS 分析鉴定出 12 个受正向选择的编码序列,这些序列编码应激调控蛋白和表面蛋白,提示了宿主免疫系统为该物种进化提供了选择压力(He,et al. 2010)。以上研究中均发现了一系列潜在的受选择基因,对于各物种进一步的功能研究具有重要意义。

第三,对尽量多样化的微生物基因组进行测序,可以更准确地建立整个微生物界的种群结构,确立各个物种在演化中的地位,并能够充分挖掘微生物资源为人类服务。目前,已经有超过 1200 种细菌的基因组被完整测序(Liolios,et al. 2010)。这些测序对象的选择都是针对研究者的不同目的,如广受关注的致病菌等,结果导致在对微生物基因组多样性的认知上产生严重偏倚(Hugenholtz 2002)。德国 GCMCC 研究所(German Collection of Microorganisms and Cell Cultures)和美国 JGI 研究所(Joint Genome Institute)共同发起了"古细菌和真细菌基因组百科全书计划(Genomic Encyclopedia of Bacteria and Archaea,GEBA)"。在第一步 56 株菌的测序和分析中,发现了 1768 个全新的蛋白家族,对 46 个以前认为非同源的蛋白家族间建立了联系。另外也大大丰富了对非编码区域的认识,如在嗜盐黏细菌(Haliangium ochraceum)的 807 个 CRISPR 位点中,发现了目前已知最大的 CRISPR 元件,包含 382 个 spacers。在接下来的几年中,他们将对更多的可培养微生物进行测序,建立完整、平衡的微生物生命之树。

第四章

基因组学方法创新的发展策略与途径

第一节 基因组学发展趋势

一、由单一组学向多组学研究过渡

目前基因组学的研究已经由DNA水平向DNA与组蛋白修饰水平、RNA水平、蛋白质水平、网络及相互作用水平、代谢组水平、表型组水平等多组学水平渗透。由单一组学研究,向多组学研究过渡。在生命的时空三维尺度上获取基因组、基因组甲基化、转录组、表达谱及蛋白与核酸相互作用等不仅成为可能,全景式的相关组学研究更是已经成为现实。

人类基因组研究是基因组学最前沿的一个研究方向,为动植物及微生物研究提供了参考研究模式。因此人类基因组研究的前进方向,在一定程度上代表了基因组学的发展方向。

继"人类基因组计划(HGP,1990年启动)"、"人类基因组单体型图计划(HapMap,2002年启动)"、"人类基因组百科全书计划(ENCODE,2003启动)"之后,又于2005年启动了"人类癌症基因组计划",并计划在3年内完成肺癌、卵巢癌和脑胶质瘤的基因组分析。如今,癌症基因组学研究已呈现了百花齐放的态势。2008年,国际肿瘤协作组成立。目前,癌症基因组研究成果代表了其国际领先的研究与技术水平,具有重要的科学价值。

目前癌症基因组学的研究方法是基于第二代测序技术的多组学研究方法,包括针对基因突变、染色体重排、非编码RNA分析的基因组研究分析,针对基因突变的外显子组研究分析,针对全转录组、转录本变异、全基因组转录因子、基因表达水平的转录组研究分析,针对全基因组胞嘧啶(C)甲基化、全基因组蛋白修饰对DNA调控、small RNA调控,基因表达调控的表观基因组研究分析等。结合基因组学最新技术,进行全方位研究和探索,旨在破解癌症发生发展之谜,找到癌症诊断的分子标记,以及癌症药物的作用靶点,为患者提供福音。

同时,2007年美国国立卫生研究院启动了人类宏基因组研究计划,主要任务是解读人体微生物群系基因组图谱,又称为"人类第二基因组计划",通过解读人体微生物基因组天书、联合人类基因组图谱,破解人类复杂疾病之谜。

综上所述,人类基因组研究已经在基因组、外显子组、转录组、表观基因组、宏基因组等多水平上展开。

二、由基础型研究向应用型研究过渡

从"人类基因组计划",到人类单体型图谱研究计划,到国际癌症基因组计划,再到国际人宏基因组研究计划;从家蚕框架图,到精细图,到高精度遗传变异图谱,再到家蚕基因组甲基化图谱;从水稻框架图,到精细图,再到水稻多亚种遗传变异研究计划,基因组研究已

逐渐从序列读取向序列解释过渡，从基础型研究向应用型研究过渡。通过基因组群体分析，基因型与表型的大样本关联分析，我们可以大规模定位与某些重要表型（如重要经济性状、质量性状等）相关联的基因型，从而进一步确定相应基因功能，并进行功能的实验验证，为进一步应用研究成果（如临床分子诊断、分子育种等）提供指导。

目前的基因组学研究已经取得了一些可以指导临床应用的成果，如对结直肠癌患者的KRAS基因型进行检测，根据不同的基因型，选择不同的特效药，从而指导患者接受最佳治疗，实现个体化治疗。

宫颈癌是世界卫生组织宣布的第一个可以预防的肿瘤。根据医学专家的长期观察，99.8%的宫颈癌患者中可以检测到人乳头瘤病毒HPV，而HPV阴性者几乎不会发生宫颈癌。除此之外，98%以上的宫颈疾病患者体内也存在HPV。因此，通过HPV筛查，可以对宫颈癌患者早发现、早治疗。国家卫生部到2011年将为千万农村妇女开展宫颈癌检查。现有的HPV检测是基于质谱技术的，通量较低，成本较高。基于高通量低成本的第二代测序技术的HPV检测，将有助于大规模低成本宫颈癌筛查的开展。同样，基于第二代测序技术的HLA高精度分型，以及无痛产前诊断，将加速基因组学在临床研究中的应用。

在农业方面，水稻是基因组图谱构建最早的经济作物，通过比较各种不同特性的水稻品种，可以大规模定位重要表型相关的基因型，进一步的功能验证将为分子育种提供指导，同时也将为其他植物的进化及分子育种提供范例。家蚕基因组高变异图谱也发现了驯化过程所获取的行为特征，以及大量与驯化相关的受选择压力的基因。进一步的深入研究还将为蚕分子育种提供指导，为动物进化与分子育种研究提供范例。

生物能源方面，加强对生物质能的利用已经成为各国解决目前所面临的能源危机和环境污染问题的重要途径，生物能源有着巨大的发展前景和提升空间。目前的生物质能源燃料酒精有着非常广泛的应用前景，可以取代石油成为车用燃料，也可以作为燃料电池的燃料等。传统燃料酒精的生产过程主要是通过水解小麦、玉米、甘蔗等生物质原料，再用发酵酵母发酵成工业酒精。这种生产方法的原料成本高达总成本70%～80%。最近各国的研究集中在以木质纤维素为原料，来生产燃料乙醇。木质纤维素是地球上最丰富的可再生资源，引起了世界各国的广泛关注。目前生产水解木质纤维素酶类的成本仍然非常高，如果能够找到低成本的高效木质纤维素水解酶，将极大地降低燃料乙醇的生产成本，推广燃料乙醇的工业应用。牛等反刍动物的瘤胃能够消化草等各种纤维素，白蚁的胃肠道可以消化木质纤维素，究竟是什么胃肠道细菌在起作用？对相关动物的肠道微生物菌群进行比较分析研究，结合微生物学实验，将有助于挖掘具有消化纤维素功能的细菌或基因，简化其生产工艺，极大地降低燃料乙醇的生产成本。

第二节　我国基因组学方法创新发展的需求

基因组存在于一切生命体的细胞中，在生命的新陈代谢过程中有着关键的调节作用。基因组在生命繁衍过程中的遗传与变异，既有效通过复制把遗传信息传递给下一代，又通过变异使生命体逐步演化。基因组是生命性状、机体功能的决定基础，亦是生命体演化、适应环境变化的动力机制。基因组学是随“国际人类基因组计划”而诞生、随一系列国际基因组合作大计划而发展的生命科学前沿学科，是一切“组学”的基础。基因组学的目的在于破解生命体中基因组的组成、变异、变异对生命体机能的影响，若利用不断革新的基因组学方法阐释生命的遗传特性、变异机制并加以合理开发，将能有效推动医学健康、育种产业、生物能源、环境治理、生物新材料等研究工作的进展。

一、技术需求

（一）生命科学的基础

在人类历史上，社会进步和科学发展都依赖于方法和技术的突破。正如显微镜的发明为我们打开了探索微观世界之门，把一个全新的世界展现在人类的视野里；麻醉剂的发明使得外科手术在全世界迅速推广，减轻了患者的痛苦；伽马刀的发明使得无创治疗得以实现，改善了人类生命质量；近几年，生命科学最重要的进展是基因组学的核心技术——测序技术的突破。基因组包含着有机体构成生命的所有遗传信息，被誉为“生命的上帝”，它决定了物种的各种生物学性状。而基因组学技术上的重大突破将影响着生命科学和人类生活的方方面面，从干细胞研究到“人造生命”，从生物医药到人类健康，是当今生命科学和生物技术革命的基础和核心，是未来生物产业的源头。基因组学的技术突破不仅可以为医学健康事业带来革命性的变化，而且还将深刻改变人类对其他生物资源的利用模式，在农业、工业、能源、环境保护等领域产生深远的影响。基因组学通过深入研究不同性状、不同表型的生物资源的遗传信息，发现其中隐含的科学规律，再利用其中对人类有利的基因资源，实现人类改造世界的梦想。

（二）自主创新的源泉

如同航空航天科学一样，基因组学是随“国际人类基因组计划”而诞生、随一系列国际基因组合作大计划而发展的生命科学前沿学科。基因组学以“组(-ome)”和“组学(-omics)”的整体观念影响了整个生命科学，作为诸多新学科（如蛋白质组学、转录组学、表观基因组学、调控组学、代谢组学、营养组学等）的生长点而成为生命科学研究的基础；以大规模、高通量、工业化的测序平台技术的发展和拓展而成为生物技术创新的源头；以生物资源的挖掘和遗传信息的解读而成为生物产业发展的上游。

二、产业需求

2009 年 5 月 13 日国务院常务会议讨论并原则通过了《促进生物产业加快发展的若干政策》。会议指出，必须抓住世界生命科技革命和产业革命的机遇，将生物产业培育成为我国高技术领域的支柱产业。以生物医药、生物农业、生物能源、生物制造和生物环保产业为重点，大力发展现代生物产业。

（一）生物资源的上游开发

生物资源是指对人类具有实际用途或潜在价值的遗传资源、生物体或其部分、生物种群或生态系统中任何其他生物组成部分。遗传资源是指具有实际或潜在价值的来自动物、植物、微生物或其他来源的任何含有遗传功能单位的材料。生物资源的上游开发实质就是遗传资源的开发。遗传资源的开发离不开基因组的解码，只有得到基因组信息才能更好地推进生命科学、生物资源开发和生物产业的发展。近年来，基因组学研究取得了一系列突破性的进展。“人类基因组计划”所带动发展起来的技术革新，使生物资源由原先的群体物种资源转变为序列化与信息化的储存形式。资源信息化正是未来生物产业的一个重要特点。生物产业的另一特点是资源依赖性。目前，生物资源作为一种资源具有稀缺性，迫切需要大量收集各种资源样本，进行基因组测序，建立数字化资源平台。不认识到这一点就有可能使我们的生物资源白白流失，使生物产业失去源头之水，建立的生物技术平台也会成为无米之炊。

生物医药、生物农业、生物能源、生物制造和生物环保等产业都是以生物资源开发利用为基础。而基因又是人类认识生物资源多样性，了解生命过程规律，实现人工对生命调控和利用的最基本“部件”。通过基因组测序等生物资源上游开发关键技术，筛选关键优异资源和突破性新种的优良性状种质资源，从而推动生物资源的开发利用、生物产业发展和世界进步。生物资源的开发利用，势必培育一批具有资源特色的优势生物产业。

（二）农业育种的基础研究

传统的转基因育种是指来源于不同物种的基因转移。分子育种是指通过筛选优良连锁基因，通过不断杂交，得到包含很多优良性状的集合。广义的转基因育种包括两方面内容：分子育种与传统的杂交育种。在世界范围内，以转基因育种为主要内容的生物技术具有非常重要的地位，它的成败对以农业为主的发展中国家所产生的影响更为重要，尤其像中国这样一个以传统农作物为主要出口产品的国家。

转基因育种将成为未来全球经济的竞争焦点，以重要功能基因为核心的转基因技术将成为未来全球经济发展的重要支柱产业，已被列为影响未来全球经济的第三大技术。13 年间，在全球 22 个国家里，共种植了 8 亿公顷的转基因作物，几乎相当于美国或中国土地总面积的 83%。专家预计，2009 年转基因作物的全球市场价值将增加到 83 亿美元。以美国为例，美国通过转基因技术实现了谷物生产低成本和高品质，在世界谷物贸易中长期占据霸主地位，抢占世界 62%玉米市场和 60%大豆市场。

我国是一个农业大国，人口多、耕地少的矛盾特别突出，并将随着人口的增长和工业化进程的加快变得愈发尖锐。如果没有科技的新突破，农业生产就很难再上一个新台阶。农业生物技术对促进我国传统农业向现代农业的转变非常重要，甚至起着决定性的作用，否则将在日益激烈的国际竞争中丧失其战斗力。国务院总理温家宝近日在首都科技界大会上指出：要发展转基因育种技术，这是提高农业产量和改善产品质量的重要途径。与会科学家建议超前部署分子设计育种，大规模挖掘动植物种质中蕴藏的优异基因资源。这样，中国 10 年左右就可能实现小麦、水稻等主要农作物和猪、牛、羊等主要牲畜品种的显著改良。转基因生物新品种培育已被列入我国科技重大专项。

以野生稻为例，中国是世界八大作物起源中心之一，也是亚洲栽培稻的起源地之一，而野生稻是栽培稻的祖先种。野生稻中蕴藏着丰富的抗病虫、抗逆、品质好、蛋白质含量高等优异基因，是水稻抗性育种研究的基因源，也是保证粮食安全的物质基础。野生稻物种大多分布在农业生态系统中，与栽培稻有密切的接触，在趋同进化过程中野生稻的某些种类与栽培稻不断产生着天然杂交和种质渗入，野生稻因而很容易通过杂交，将其抗病虫、抗逆、品质好、蛋白质含量高等基因转移到栽培稻中，是水稻育种和改良最重要的遗传资源。但由于环境的恶化、可用耕地减少、人口的激增，野生稻正以前所未有的速度在减少。基于基因组测序的育种策略（图 4.1）。通过收集大量的生物种质资源，进行大规模的基因组测序和重测序，分析同一物种各样本在进化过程中的连锁遗传与连锁不平衡，从进化基因组学角度对各样本进行研究并构建数字化表达谱，找到重要的优良功能基因，进行转基因育种，是解决目前我们所面临危机的充分必要途径。

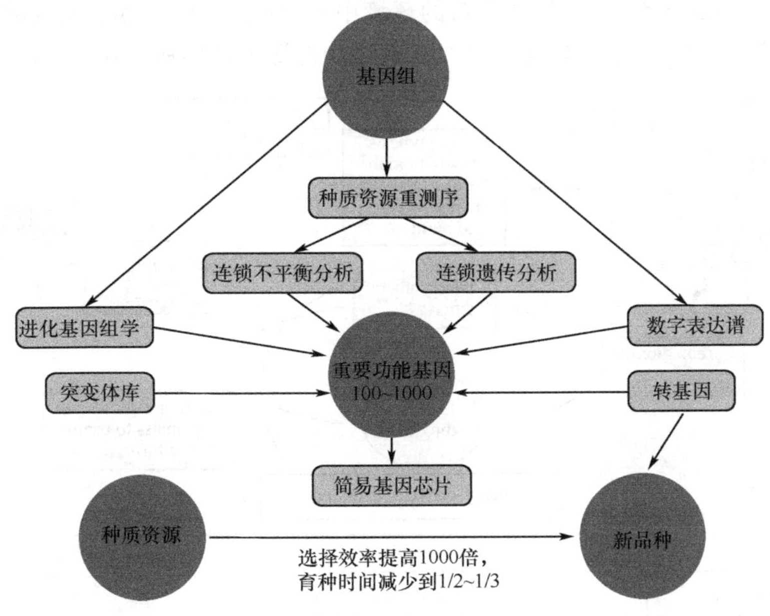

图 4.1　基于基因组测序的育种策略

(三) 生物能源、生物材料的开发及环境污染治理

进入 21 世纪，能源、资源短缺及环境污染所带来的一系列危机，越来越成为制约全球经济可持续发展的焦点问题。近几年来，石油价格和其他重要矿产资源价格急剧波动，不但影响到相关行业的稳定，更是关系到世界格局变迁和国家安全的重大问题。生态环境的日益恶化，使得环境友好的新技术的开发日益受到重视。利用可再生生物资源来逐步替代石化资源，是保障人类可持续发展的重要途径之一（Hatti-Kaul，et al. 2007）。从化石经济向碳水化合物经济过渡，是社会经济发展的一种必然趋势。继医药生物技术、农业生物技术之后，以基因组学、蛋白质组学、代谢组学为基础的工业生物技术已经成为生物技术领域发展的第三次浪潮，正推动着一个以生物催化和生物转化为特征，以生物能源、生物材料、环境治理等为代表的庞大的现代工业体系的形成，加速了一场以化石资源为基础的经济向以碳水化合物经济过渡的现代工业技术革命。

1. 基因组学与生物能源　生物质是指利用大气、水、土地等通过光合作用而产生的各种有机体，即一切有生命的可以生长的有机物质统称为生物质。它包括植物、动物和微生物。生物质资源在地球上储量丰富，而且可通过自然生态系统循环再生，与环境相容性好，是人类未来理想的资源和能源。在地球上，每年生物体产生的生物质总量大约在 1700 亿吨，据估计，现在只有 60 亿吨生物质(3.5%)在被人类利用，其中有效利用的部分就更少了。基因组学所介导的以生物催化与生物转化为核心的工业生物技术，是可再生生物质资源被利用的关键，是打开可再生生物质资源宝库的钥匙。

中国生物能源的希望在于非粮植物转化为能量的技术突破。利用基因组大规模重测序及生物信息学分析，不但可以挖掘生物多样性、利用不断增加的基因组数据库，改造现有光合作用产物转化体系中的关键微生物及相关代谢途径，还能够筛选和发现具有潜在应用价值的新基因，提高能源转换的效率；同时，通过对能源作物大规模基因组测序和重测序及生物信息学分析，获得大量能源作物的物种遗传信息，便可以利用分子育种和转基因技术，改善天然能源作物的特性，使其能在恶劣的环境中更快生长，并更易于能源的转化，从而实现光合作用所产生的生物质可转化为可再生的生物能源为我们所利用(图 4.2)。

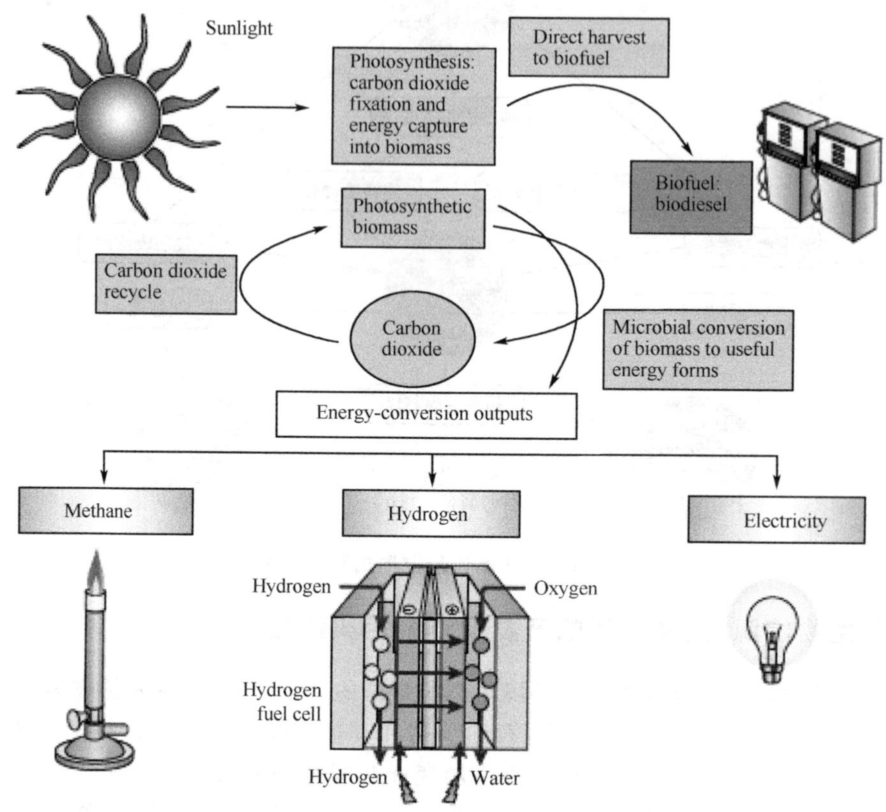

图 4.2 光合作用产生的生物质可转化为可再生的生物能源为我们所用

2. 基因组学与生物新材料 资源与环境问题正日益成为人类生存和可持续发展的首要问题，开发可再生资源以获取生物新材料可以降低对石油基聚合物的依赖性，缓解资源与环境压力，实现人类与环境的可持续发展，已是世界各国竞相投资研究的课题。

蚕丝发源于我国，到现在已有六千多年的历史。蚕丝是高档纺织原料，具有强度高、伸度好、细而柔软、富有弹性、光泽好、吸湿性好等优点，被誉为“纤维皇后”，蚕丝织物广泛应用于人们的日常生活，在工业及国防上也有重要的用途。蜘蛛丝作为另一种蛋白质纤维，从 20 世纪 90 年代开始成为新材料的研究热点。蜘蛛丝具有高强度、高韧性、高弹性和良好的耐热性能，被称为“生物钢”，在医疗方面，可制成人工关节、韧带、肌腱和可降解手术缝合线等；在军事装备方面，非常适合制造武器装备防护材料、防弹衣和降落伞绳索。通过对家蚕基因组学的研究和改造，我国科学家现已能让家蚕吐出天然彩色蚕丝。试想，利用基因组学的方法，让蜘蛛吐出天然的“迷彩”蜘蛛丝也指日可待。

美国科学家受到海参的启发，在对海参进行几年模拟研究后，提出了开发高分子纳米复合材料的全新方法，研制出一种突破性材料，当遇到液体时，它可在几秒钟内改变形状，由硬变软，然后又恢复如初。对这些新聚合物进行设计，可以使它们在接触到特定的化学物质时，以指定的方式改变机械特性。俄罗斯科学家发现，有几种发光菌可以制造可生物降解的聚合体，如聚羟基烷酸 PHA，其中 4 种光细菌的 20 个菌种可以用来制造生物聚合体，但强度各不相同。通过基因组测序及信息学分析，找到了高效表达不同强度聚合体的基因及基因束。

通过把现存的生物体作为反应器以获得所需要的新材料、新产品的研究给了我们很好的启示，如果我们从本质上对这些生物材料来源物种的基因组信息入手，及对代谢调控机制的研究和改造，一定能得到丰富多彩的生物新材料。

3. 基因组学与环境治理 我国工业化和城市化的快速发展，使得环境污染日益严重。大量的生活污水、工业废水、农业生产排水和其他废弃物直接或间接排入水体，导致江河、湖泊、地下水源受到严重污染，引起水质恶化，破坏城镇生态环境并有损城市景观和居民的生活质量。据估计，近年来我国水体污染造成的经济损失达 400 亿元，环境污染造成的经济损失达 950 亿元，占国民生产总值的 6.75%，高于美国、日本等发达国家的 3%～5%。

受污染的水体中有机物除少部分是通过物理、化学作用被迁移转化外，主要是通过微生物的代谢活动将其降解转化。利用微生物进行污水治理的方法主要有：微生物混合菌法和活性污泥法。这两种常用的微生物方法在污水的处理中都曾经取得过一定成绩，与其他物理、化学的方法比起来，也是最有持续性效果的方法，但是针对现实中的发展，我国的污水处理仍然处在一个瓶颈，持续超负荷的排污量，不停流速变化的河流更是瓶颈中的难点，迫切需要更高效率的微生物群体对污水进行处理。

微生物菌种或酶是生物催化的基础。目前至少有 58 个国家建立了 484 个菌种保藏中心，保藏菌种 80 多万株。用传统的培养技术从自然界中直接筛选所需要的菌种是目前污染治理的主要特点。到目前为止，大部分成功的高效工业化菌株是直接从自然界筛选得到的野生型菌株或经过了简单改良的工程菌。但传统的筛选方法非常有限，环境中有 99%以上的微生物是无法培养的，目前人类筛选的范围十分有限，仅占微生物总数的 0.1%～1%，这意味着未培养微生物中丰富的基因资源无法被人类全面认识和更科学的利用，需要拓展筛选的范围。近年新出现的宏基因组学方法能够超越培养的限制，直接从 DNA 水平上有效的研究微生物群体的结构、功能和运作机理，从而能系统的在分子水平指导利用微生物治理污水。宏基因组学方法不用对微生物进行分离培养，直接提取环境样品的基因组 DNA 和 RNA，通过大规模测序和信息学分析，把所有微生物遗传信息序列化，得到整个环境微生物的基因组信息，找到各种生物催化和生物转化相关的复合酶系统。该方法克服了传统微生物分离纯化的致命弱点，通过对环境微生物群体基因组序列的测定，从本质上掌握了 100%的相关微生物遗传信息，清楚了不同环境微生物具有不同特殊功能的原因。从而实现人为控制微生物群体活动的相关过程，让微生物更高效、更完善地对环境污染进行综合性修复。

（四）医学、健康事业发展对基因组学的需求

医学和健康事业对基因组学至少有 5 项需求：①提供更多的人类靶基因或“可开发药物的基因(druggable genes)”，特别是基于我国群体基因组特异性数据、用于药物筛选的新基因；②筛选和改造新的抗生素产生菌、正在使用和未来将要开发和改造的工程菌、工程酵母和宿主动物、植物的基因组数据，以提高表达水平和产量；③除了蛋白质类(包括抗体、激素

和生长因子)等生物医药产品外,我国的生物医药产业现在就需要计划非蛋白质类生物有机分子(如青蒿素等)的工业化生产,这就更需要基因组学提供这些有机分子合成的“三大系统(代谢途径、信号传导通路、基因表达调控网络)”的基因组数据;④提供“个体化医学”的基础——“个人基因组”,特别是新兴的疾病基因诊断产业(产前基因诊断、新生儿基因诊断、重要疾病的症状前基因诊断和干预、药物疗效和反应性预测等)所需要的国人群体和个体的基因组信息;⑤提供疫苗工业所需要的病原基因组信息,开发哺乳动物(如家猪),特别是我国特有的灵长类动物作为模式生物和实验动物(如药物试验)的新兴产业,都需要基因组信息。

第三节　我国基因组学方法创新的目标、方向和重点

一、主要目标

21世纪是生命科学和生物产业的世纪;而基因组学是当今生命科学的基础和核心,是生物产业的源头。目前我国基因组学发展的总体目标是:打造世界一流的基因组学研究平台,创建世界一流的基因组学研究队伍,产出世界一流的基因组学成果,使基因组学成为我国“五大生物重点产业”(即生物医药、生物农业、生物能源、生物制造和生物环保产业)的支撑点、新的生物产业生长点。充分整合和发挥当前基因组学迅猛发展的各项资源和优势,通过大规模基因组测序和生物信息学分析,建立起完善的基因组学研究及其大规模应用平台,为生命科学基础研究、基因资源发掘和利用、疾病预防和个体化医疗、重大疾病机理研究、临床诊断和药物研发等领域提供强而有力的工具。

二、研究重点

自从“人类基因组计划”实施以来,经过近10年的发展,基因组学的研究和应用已经进入新的阶段,并展现出强劲活力,其研究领域、研究方法与研究成果正在以指数级的速度爆炸式增长。目前我国基因组学发展的研究重点主要包括以下几个方面。

(一) 生物医药产业发展方向

在生物医药产业发展方向上,主要分为以下3个方面。

(1) 测定和分析至少10 000个体的中国人全基因组序列,重点是研究我国群体的基因组特异性,目的是研究不同群体的疾病(病原)易感性和药物反应性,为生物制药产业提供药物筛选的靶基因和“可开发药物的基因(druggable genes)”,为“个体化医学”,特别是疾病基因诊断(包括药物基因组学)提供所需要的国人群体和个体的基因组信息。

(2) 测定和分析所有现有的抗生素产生菌、工程菌、工程酵母基因组序列以满足生物制药产业提高产量的需要;测定和分析我国重要中草药和其他植物的转录组序列,以研究非蛋白质类生物有机分子的“三大系统(代谢途径、信号传导通路、基因表达调控网络)”的基因组数据;测定和分析我国所有已知病原微生物的代表性基因组、若干病原(如鼠疫菌、幽门螺旋杆菌、感冒病毒、HPV、HBV等)的100～200个株系基因组序列,以满足疫苗工业、研究病原—宿主相互关系和防治传染病的需求。

(3) 测定和分析我国特有的灵长类动物以及家猪等动物种类,以及与高原医学有重要

意义的藏羚羊、牦牛等基因组或转录组序列，以满足实验模式生物和实验动物（如药物试验）新兴产业发展的需要。

（二）生物农业产业发展方向

在生物农业产业发展方向上，主要分为以下 3 个方面。

（1）测定和分析家养动物（包括“三大家畜”即猪、牛、羊，“三大家禽”即鸡、鸭、鹅，“三大役用动物”即仍在服役的马、骆驼、牦牛，其他家养动物和新兴的宠物产业，如“三大宠物”即狗、猫、鸟等）和栽培作物（包括粮食、油类、水果、蔬菜、花卉等）的代表性全基因组序列，主要目标是鉴定重要基因、其他功能因子和代谢途径等。

（2）有选择地测定和分析若干重要动物、植物的 10 000 个以上野生和家养株系的基因组或转录组序列，重点是通过进化的研究以及和家养的比较分析，挖掘这些生物基因组中与提高产量和抗逆性、增强品质等农业性状有关的种质资源（germ plasma）信息和标记。

（3）选择和测定主要极端环境的重要生物的基因组或转录组序列，挖掘抗逆（抗旱、抗寒、抗盐碱、抗特殊化学物如除草等）相关的基因资源及其代谢途径的信息，以及与宿主基因组相容性有关的基因组信息，用于转基因植物；选择和测定主要用材、绿化用树种、草种、花种的基因组序列，提供育种和改良所需要的相关基因组信息。

（三）生物能源产业发展方向

在生物能源产业发展方向上，主要分为以下 3 个方面。

（1）选择和测定若干第一代能源生物（可食植物如玉米）和第二代能源生物（非可食植物如木薯、小桐子、油棕，高生物质速生树本和草本植物等）的代表性基因组，以得到与淀粉、油脂和生物质合成相关的基因组信息。

（2）筛选和测定第三代（藻类）、第四代（cyanobacteria，藻青菌）能源生物的代表性基因组或转录组，重点是了解这些能源生物的光合作用能力以及淀粉和油脂合成所需要的基因组信息。

（3）选择、分离和测定能分解纤维素、木质素等生物质的细菌和其他微生物的基因组。

（四）生物制造产业发展方向

在生物制造产业发展方向上，主要分为以下 3 个方面。

（1）选择和测定传统酿造业（酒类）、食品工业（如面包、酸奶、火腿、添加剂等）、皮革等生物相关产业改造、提高和升级所需要的生物资源的基因组，特别是以 meta-基因组学技术测定生产菌群的基因组，了解它们的种类和组合，帮助筛选新的生产菌；测定烟草的代表性基因组和不同品种的基因组序列，以帮助选育具高产、抗逆、优质、低毒等性状的新品种。

（2）测定和分析与新生物材料（可降解、可回收），新一代生物产业（如人造骨头、人造皮肤或其他器官、人造织物、钢化生物建材等）所需要生物资源的基因组。

（3）测定和分析可用于生物冶炼，提炼（黄金、铜、铀、石油等）的微生物基因组。

（五）生物环保产业发展方向

在生物环保产业发展方向上，主要分为以下 3 个方面。

（1）选择和测定适合干旱、高寒、盐碱、贫瘠、沙漠地区绿化和环境改善急需的树种、草种、花种的基因组。

(2) 筛选和测定能分解塑料、农药等毒物、辐射物等固体污染物，净化环境和再生利用的微生物基因组；筛选和测定能分解动物和人类排泄物，生活污物(如厨房、食物残渣等)等垃圾的微生物基因组；筛选和测定能分解入侵植物(如水浮莲、浮萍、藻类等)，农业化肥，生活和工业污水，净化水域的微生物基因组。

(3) 筛选和测定有可能取代农药、化肥的生物制剂所需要的微生物和其他生物(如鱼腥草等植物中的杀虫物质)的基因组序列。

(六) 人类健康和医学产业发展方向

在人类健康和医学产业发展方向上，主要分为以下 5 个方面。

(1) “个体基因组”：在 10 000 个国人个体的全基因组序列的基础上，建立中国人基因组标准图和中华民族基因组多态性图谱，建立和健全国人个人基因图谱和疾病基因图谱，加强临床应用相关的基因组研究体系。

(2) 癌症基因组：选择胃癌、肝癌、大肠结肠癌、肺癌、乳腺癌等危害最大、发病率上升最快的重要癌症，以及不同分型、不同阶段等临床标本，分析总数达 1000 个标本的基因组、转录组和其他“组学”，研究癌症的发生、发展和转移机制，以及对化疗药物、理疗的反应性等，以满足癌症的早期诊断、分型、药物(特别是个性化的靶药物)的开发和用药前基因鉴别、化疗和理疗方案的选择、用药和治疗过程的观察、预后的预测等方面的需要。

(3) 复杂疾病：在 10 000 个国人正常个体的全基因组序列的基础上建立中国人基因组标准图和中华民族基因组多态性图谱。鉴定与复杂疾病更为相关、频率更低的“罕见 SNP”，建立适合国人的新一代 GWAS 策略和技术；选择我国发病率高、增长快、危害严重的常见疾病(如高血压、糖尿病、肥胖症、神经/精神病，以及健康长寿等)，通过更多的患者基因组或“外显子组”测序，研究这些复杂疾病的机制，开发复杂疾病的分子分型标记，阐明复杂疾病发生、发展相关的“三大系统(代谢途径、信号传导通路、基因表达调控网络)”。

(4) 病原基因组：在前述测定和分析所有已知病原微生物的代表性基因组、若干病原的 100～200 个株系基因组序列的基础上，研究病原微生物的发生、演变和进化，以及病原和宿主(包括中间宿主)之间的相互关系，结合人类群体、个体基因组特异性和对病原易感性的研究，满足防治传染病的需求。

(5) 药物基因组：在 10 000 个国人个体全基因组序列的基础上，研究国人不同个体与药物代谢、药物反应性有关的基因组位点及其变异类型，满足个体化药物选择的需求。

(七) 生命科学前沿发展方向

在生命科学前沿发展方向上，主要分为以下 5 个方面。

(1) 干细胞研究和发育学：以基因组学、基因表达谱和表观基因组修饰(“甲基化组”等)为主要手段，对胚胎发育、组织和器官发生、个体发育进行较全面的研究，研究 iPS 产生诱导和 iPS 分化诱导有关的转录因子和不同阶段的基因调控网络等。

(2) 异种器官移植和免疫学：测定和比较分析“候选动物”(如家猪)和人类(特别是国人)的 MHC 系统，鉴定和研究与免疫排斥相关的基因组位点及其变异。

(3) 宏基因组学和微生物学：以宏基因组的技术，研究人体内的共生微生物，研究其与疾病、病原和宿主的关系；研究不同环境的 meta 样品，了解主要微生物的种类、分布和

ORF,重点是了解存在于各种微生物中的特殊代谢途径及其相关的ORF,为"人造生命"提供设计"人造基因组"的素材。

(4) 进化研究和实验动物:测定我国所有猴种的代表性基因组和所有不同亚种(品系)的基因组序列,为研究人类某些性状"从猿到人"的进化提供信息;重点在灵长类和其他动物对病原反应差异的基因组基础,以更好地开发我国灵长类等医学动物资源。

(5) 合成生物学:合成生物学的宗旨是制造"人造生命"。"人造生命"的设计基础是对生物界"三大系统(代谢途径、信号传导通路、基因表达调控网络)"的阐明。"人造生命"将是基因组学从"解读"迈入"书写"基因组的最高阶段和最大辉煌。诸多基因组序列的测定、"三大系统(代谢途径、信号传导通路、基因表达调控网络)"的阐明,以及相关技术的突破,使"人造生命"水到渠成。在科学上,"人造生命"将验证基因组学的基石——"生命是序列的(生命的遗传信息蕴藏在DNA序列之中)"、"生命是数据的",并提供生命起源和进化的第一个较为理想的实验室研究系统;在应用方面,"人造生命"将为生物能源、生物材料、生物冶炼等应用技术提供前所未有的新思路和新起点,极大地冲击生命科学研究和我们的整个社会。"人造生命"也将是研究自然、师法自然的生命科学的一个巅峰。"人造生命"将在近几年迅猛发展,前景不可预料。

参考文献

1000 Genomes Project Consortium. 2010. A map of human genome variation from population-scale sequencing. *Nature*, 467: 1061～1073

Ahlquist DA, Skoletsky JE, Boynton KA, et al. 2000. Colorectal cancer screening by detection of altered human DNA in stool: feasibility of a multitarget assay panel. *Gastroenterology*, 119: 1219～1227

Allison JE, Sakoda LC, Levin TR, et al. 2007. Screening for colorectal neoplasms with new fecal occult blood tests: update on performance characteristics. *J Natl Cancer Inst*, 99: 1462～1470

Barski A, Cuddapah S, Cui K, et al. 2007. High-resolution profiling of histone methylations in the human genome. *Cell*, 129: 823～837

Bentley DR, Balasubramanian S, Swerdlow HP, et al. 2008. Accurate whole human genome sequencing using reversible terminator chemistry. *Nature*, 456: 53～59

Beres SB, Carroll RK, Shea PR, et al. 2010. Molecular complexity of successive bacterial epidemics deconvoluted by comparative pathogenomics. *Proc Natl Acad Sci USA*, 107: 4371～4376

Bernardi G. 2007. The neosel ectionist theory of genome evolution. Proc Natl Acad Sci USA, 104: 8385～8390

Branton D, Deamer DW, Marziali A, et al. 2008. The potential and challenges of nanopore sequencing. *Nat Biotechnol*, 26: 1146～1153

Cannon-Albright LA, Skolnick MH, Bishop DT, et al. 1988. Common inheritance of susceptibility to colonic adenomatous polyps and associated colorectal cancers. *N Engl J Med*, 319: 533～537

Cello J, Paul AV, Wimmer E. 2002. Chemical synthesis of poliovirus cDNA: generation of infectious virus in the absence of natural template. *Science*, 297: 1016～1018

Croce CM. 2008. Oncogenes and cancer. *N Engl J Med*, 358: 502～511

deVos T, Tetzner R, Model F, et al. 2009. Circulating methylated SEPT9 DNA in plasma is a biomarker for colorectal cancer. *Clinical Chemistry*, 55: 1337～1346

Di Nicolantonio F, Martini M, Molinari F, et al. 2008. Wild-type BRAF is required for response to panitumumab or cetuximab in metastatic colorectal cancer. *J Clin Oncol*, 26: 5705～5712

Dib C, Fauré S, Fizames C, et al. 1996. A comprehensive genetic map of the human genome based on 5264 microsatellites. *Nature*, 380: 152～154

Diehl F, Schmidt K, Durkee KH, et al. 2008. Analysis of mutations in DNA isolated from plasma and stool of colorectal cancer patients. *Gastroenterology*, 135: 489～498

Duranthon V, Watson AJ, Lonergan P. 2008. Preimplantation embryo programming: transcription, epigenetics, and culture environment. *Reproduction*, 135: 141～150

Dymond JS, Richardson SM, Coombes CE, et al. 2011. Synthetic chromosome arms function in yeast and generate phenotypic diversity by design. *Nature*, 477: 471～476

Eid J, Fehr A, Gray J, et al. 2009. Real-time DNA sequencing from single polymerase molecules. *Science*, 323: 133～138

Fraser CM, Gocayne JD, White O, et al. 1995. The minimal gene complement of Mycoplasma genitalium. *Science*, 270: 397～403

Frommer M, McDonald LE, Millar DS, et al. 1992. A genomic sequencing protocol that yields a positive display of 5-methylcytosine residues in individual DNA strands. *Proc Natl Acad Sci USA*, 89: 1827～1831

Fuller CW, Middendorf LR, Benner SA, et al. 2009. The challenges of sequencing by synthesis. *Nat Biotechnol*, 27: 1013～1023

Gharizadeh B, Akhras M, Nourizad N, et al (2006) Methodological improvements of pyrosequencing technology. *J Biotechnol*, 124: 504～511

Gibson DG, Benders GA, Andrews-Pfannkoch C, et al. 2008. Complete chemical synthesis, assembly, and cloning of a Mycoplasma genitalium genome. *Science*, 319: 1215～1220

Gibson DG, Glass JI, Lartique C, et al. 2010. Creation of a bacterial cell controlled by a chemically synthesized genome. *Science*, 329: 52～56

Goldberg AD, Allis CD, Bernstein E. 2007. Epigenetics: a landscape takes shape. *Cell*, 128: 635～638

He M, Sebaihia M, Lawley TD, et al. 2010. Evolutionary dynamics of Clostridium difficile over short and long time scales. *Proc Natl Acad Sci USA*, 107: 7527～7532

Hemminki K, Mutanen P. 2001. Genetic epidemiology of multistage carcinogenesis. *Mutat Res*, 473: 11～21

Holley RW, Apgar J, Everett GA, et al. 1965. Structure of a Ribonucleic Acid. *Science*, 147: 1462～1465

Holley RW, Everett GA, Madison JT, et al. 1965. Nucleotide Sequences in the Yeast Alanine Transfer Ribonucleic Acid. *J Biol Chem*, 240: 2122～2128

Holt KE, Parkhill J, Mazzoni CJ, et al. 2008. High-throughput sequencing provides insights into genome variation and evolution in Salmonella Typhi. *Nat Genet*, 40: 987～993

Hu M, Yao J, Polyak K. 2006. Methylation-specific digital karyotyping. *Nat Protoc*, 1: 1621～1636

Huang S, Li R, Zhang Z, et al. 2009. The genome of the cucumber, Cucumis sativus L. *Nat Genet*, 41: 1275～1281

Hudson TJ, Stein LD, Gerety SS, et al. 1995. An STS-based map of the human genome. *Science*, 270: 1945～1954

Imperiale TF, Glowinski EA, Lin-Cooper C, et al. 2008. Five-year risk of colorectal neoplasia after negative screening colonoscopy. *N Engl J Med*, 359: 1218～1224

Imperiale TF, Ransohoff DF, Itzkowitz SH, et al. 2004. Fecal DNA versus fecal occult blood for colorectal-cancer screening in an average-risk population. *N Engl J Med*, 351: 2704～2714

International Human Genome Sequencing Consortium, Lander ES, Linton LM, et al. 2001. Initial sequencing and analysis of the human genome. *Nature*, 409: 860～921

International Human Genome Sequencing Consortium. 2004. Finishing the euchromatic sequence of the human genome. *Nature*, 431: 931～945

International HapMap Consortium. 2005. A haplotype map of the human genome. *Nature*, 437: 1299～1320

International HapMap Consortium, Frazer KA, Ballinger DG, et al. 2007. A second generation human haplotype map of over 3.1 million SNPs. *Nature*, 449: 851～861

Isaacs FJ, Carr PA, Wang HH, et al. 2011. Precise manipulation of chromosomes in vivo enables genome-wide codon replacement. *Science*, 333: 348～353

Karapetis CS, Khambata-Ford S, Jonker DJ, et al. 2008. K-ras mutations and benefit from cetuximab in advanced colorectal cancer. *N Engl J Med*, 359: 1757～1765

Kelley JL, Swanson WJ. 2008. Positive selection in the human genome: from genome scans to biological significance. *Annu Rev Genomics Hum Genet*, 9: 143～160

Kemkemer C, Kohn M, Cooper DN, et al. 2009. Gene synteny comparisons between different vertebrates provide new insights into breakage and fusion events during mammalian karyotype evolution. *BMC Evol Biol*, 9: 84

Kong Y. 2009. Statistical distributions of sequencing by synthesis with probabilistic nucleotide incorporation. *J Comput Biol*, 16: 817～827

Lee CK, Shibata Y, Rao B, et al. 2004. Evidence for nucleosome depletion at active regulatory regions genome-wide. *Nat Genet*, 36: 900～905

Levin B, Lieberman DA, McFarland B, et al. 2008. Screening and surveillance for the early detection of colorectal cancer and adenomatous polyps, 2008: a joint guideline from the American Cancer Society, the US Multi-Society Task Force on Colorectal Cancer, and the American College of Radiology. *Gastroenterology*, 134: 1570～1595

Levy S, Sutton G, Ng PC, et al. 2007. The diploid genome sequence of an individual human. *PLoS Biol*, 5: e254

Li J, Gao F, Li N, et al. 2009. An improved method for genome wide DNA methylation profiling correlated to transcription and genomic instability in two breast cancer cell lines. *BMC Genomics*, 10: 223

Li L, Stoeckert CJ Jr, Roos DS. 2003. OrthoMCL: identification of ortholog groups for eukaryotic genomes. *Genome Res*, 13: 2178～2189

Li R, Fan W, Tian G, et al. 2010. The sequence and de novo assembly of the giant panda genome. *Nature* 463: 311～317

Li R, Li Y, Fang X, et al. 2009. SNP detection for massively parallel whole-genome resequencing. *Genome Res*, 19:1124～1132

Li R, Li Y, Zheng H, et al. 2009. Building the sequence map of the human pan-genome. *Nat Biotechnol*, 28: 57～63

Lichtenstein P, Holm NV, Verkasalo PK, et al. 2000. Environmental and heritable factors in the causation of cancer--analyses of cohorts of twins from Sweden, Denmark, and Finland. *N Engl J Med*, 343: 78～85

Lieberman DA. 2009. Clinical practice. Screening for colorectal cancer. *N Engl J Med*, 361: 1179～1187

Liolios K, Chen IM, Mavromatis K, et al. 2010. The Genomes On Line Database (GOLD) in 2009: status of genomic and metagenomic projects and their associated metadata. *Nucleic Acids Res*, 38: D346～354

Lo YM, Corbetta N, Chamberlain PF, et al. 1997. Presence of fetal DNA in maternal plasma and serum. *Lancet*, 350: 485～487

Ma L, Chen C, Liu X, et al. 2005. A microarray analysis of the rice transcriptome and its comparison to Arabidopsis. *Genome Res*, 15: 1274～1283

Malnic B, Godfrey PA, Buck LB. 2004. The human olfactory receptor gene family. *Proc Natl Acad Sci USA*, 101: 2584～2589

Mardis ER. 2008. The impact of next-generation sequencing technology on genetics. *Trends Genet*, 24: 133～141

Mardis ER. 2008. Next-generation DNA sequencing methods. *Annual Review Genomics Human Genetics*, 9:387～402

Margulies M, Egholm M, Altman WE, et al. 2005. Genome sequencing in microfabricated high-density picolitre reactors. *Nature*, 437: 376～380

Markowitz D, Bertagnolli MM. 2009. Molecular origins of cancer: Molecular basis of colorectal cancer. *N Engl J Med*, 361: 2449～2460

Mattick JS. 2009. The genetic signatures of noncoding RNAs. *PLoS Genet*, 5: e1000459

Maxam AM, Gilbert W. 1977. A new method for sequencing DNA. *Proc Natl Acad Sci USA*, 74: 560～564

Medvedev P, Stanciu M, Brudno M. 2009. Computational methods for discovering structural variation with next-generation sequencing. *Nat Methods*, 6: S13～20

Morrissy AS, Morin RD, Delaney A, et al. 2009. Next-generation tag sequencing for cancer gene expression profiling. *Genome Res*, 19: 1825～1835

Muller HM, Oberwalder M, Fiegl H, et al. 2004. Methylation changes in faecal DNA: a marker for colorectal cancer screening? *Lancet*, 363: 1283～1285

Murray JC, Buetow KH, Weber JL, et al . 1994. A comprehensive human linkage map with centimorgan density. Cooperative Human Linkage Center (CHLC). *Science*, 265: 2049～2054

Nei M, Rooney AP. 2005. Concerted and birth-and-death evolution of multigene families. *Annu Rev Genet*, 39: 121～152

Ng SB, Turner EH, Robertson PD, et al. 2009. Targeted capture and massively parallel sequencing of 12 human exomes. *Nature*, 461: 272～276

O'Brien KP, Remm M, Sonnhammer EL. 2005. Inparanoid: a comprehensive database of eukaryotic orthologs. *Nucleic Acids Res*, 33: D476～480

Osborn NK, Ahlquist DA. 2005. Stool screening for colorectal cancer: molecular approaches. *Gastroenterology*, 128: 192～206

Park PJ. 2009. ChIP-Seq: advantages and challenges of a maturing technology. *Nat Rev Genet*, 10: 669～680

Peterson SN, Hu PC, Bott KF, et al. 1993. A survey of the Mycoplasma genitalium genome by using random sequencing. *J Bacteriol*, 175: 7918～7930

Pihlak A, Baurén G, Hersoug E, et al . 2008. Rapid genome sequencing with short universal tiling probes. *Nat Biotechnol*, 26: 676～684

Pollinger JP, Bustamante CD, Fledel-Alon A, et al. 2005. Selective sweep mapping of genes with large phenotypic effects. *Genome Res*, 15: 1809～1819

Qin J, Li R, Raes J, et al. 2010. A human gut microbial gene catalogue established by metagenomic sequencing. *Nature*, 464: 59～65

Ransohoff DF, Lang CA. 1991. Screening for colorectal cancer. *N Engl J Med*,325: 37～41

Rittmann BE, Krajmalnik-Brown R, Halden RU. 2008. Pre-genomic, genomic and post-genomic study of microbial communities involved in bioenergy. *Nat Rev Microbiol*, 6: 604～612

Ronaghi M, Karamohamed S, Pettersson B, et al. 1996. Real-time DNA sequencing using detection of pyrophosphate release. *Anal Biochem*, 242: 84～89

Sanger F, Coulson AR. 1975. A rapid method for determining sequences in DNA by primed synthesis with DNA polymerase. *J Mol Biol*, 94: 441～448

Sanger F, Donelson JE, Coulson AR, et al. 1973. Use of DNA polymerase I primed by a synthetic oligonucleotide to determine a nucleotide sequence in phage fl DNA. *Proc Natl Acad Sci USA*, 70: 1209～1213

Sanger F, Nicklen S, Coulson AR. 1977. DNA sequencing with chain-terminating inhibitors. *Proc Natl Acad Sci USA*, 74: 5463～5467

Scherer SW, Lee C, Birney E, et al . 2007. Challenges and standards in integrating surveys of structural variation. *Nat Genet*, 39: S7～15

Schuler GD, Boguski MS, Stewart EA, et al. 1996. A gene map of the human genome. *Science*, 274: 540～546

Shendure J, Porreca GJ, Reppas NB, et al. 2005. Accurate multiplex polony sequencing of an evolved bacterial genome. *Science*, 309: 1728～1732

Smith HO, Hutchison CA 3rd, Pfannkoch C, et al. 2003. Generating a synthetic genome by whole genome assembly: phiX174 bacteriophage from synthetic oligonucleotides. *Proc Natl Acad Sci USA*, 100: 15440～15445

Surani MA, Hayashi K, Hajkova P. 2007. Genetic and epigenetic regulators of pluripotency. *Cell*, 128: 747～762

't Hoen PA, Ariyurek Y, Thygesen HH, et al . 2008. Deep sequencing-based expression analysis shows major advances in robustness, resolution and inter-lab portability over five microarray platforms. *Nucleic Acids Res*, 36: e141

Tang H, Bowers JE, Wang X, et al. 2008. Synteny and collinearity in plant genomes. *Science*, 320: 486～488

Toydemir RM, Rutherford A, Whitby FG, et al. 2006. Mutations in embryonic myosin heavy chain (MYH3) cause Freeman-Sheldon syndrome and Sheldon-Hall syndrome. *Nat Genet*, 38: 561～565

Wang J, Wang W, Li R, et al. 2008. The diploid genome sequence of an Asian individual. *Nature*, 456: 60～65

Weinstein IB, Joe AK. 2006. Mechanisms of disease: Oncogene addiction--a rationale for molecular targeting in cancer therapy. *Nat Clin Pract Oncol*, 3: 448～457

Wheeler DA, Srinivasan M, Egholm M, et al. 2008. The complete genome of an individual by massively parallel DNA sequencing. *Nature*, 452: 872～876

Whitlock EP, Lin JS, Liles E, et al. 2008. Screening for colorectal cancer: a targeted, updated systematic review for the U. S. Preventive Services Task Force. *Ann Intern Med*, 149: 638～658

Wu R, Taylor E. 1971. Nucleotide sequence analysis of DNA. II. Complete nucleotide sequence of the cohesive ends of bacteriophage lambda DNA. *J Mol Biol*, 57: 491～511

Xia Q, Guo Y, Zhang Z, et al . 2009. Complete resequencing of 40 genomes reveals domestication events and genes in silkworm (Bombyx). *Science*, 326: 433～436

Yu J, Hu S, Wang J, et al. 2002. A draft sequence of the rice genome (Oryza sativa L. ssp. indica). *Science*, 296: 79～92

Yu J, Wang J, Lin W, et al. 2005. The Genomes of Oryza sativa: a history of duplications. *PLoS Biol*, 3: e38

Zhang X, Li M, Zhang XJ. 2011. Exome sequencing and its application. *Hereditas*, 33: 847～856